壽司幹嘛轉來轉去？

1

夢想如何創造利潤？
創業家、投資人
不可不知的財務知識

林總——著　武井宏文——繪　江裕真——譯

マンガ 餃子屋と高級フレンチでは、
どちらが儲かるか？

壽司幹嘛轉來轉去？①

財報快易通——夢想如何創造利潤？創業家、投資人不可不知的財務知識

マンガ 餃子屋と高級フレンチでは、どちらが儲かるか？

作　　者：林總
繪　　者：武井宏文
譯　　者：江裕真
主　　編：郭峰吾

總 編 輯：李映慧
執 行 長：陳旭華（steve@bookrep.com.tw）

出　　版：大牌出版／遠足文化事業股份有限公司
發　　行：遠足文化事業股份有限公司（讀書共和國出版集團）
地　　址：23141 新北市新店區民權路 108-2 號 9 樓
電　　話：+886- 2- 2218 1417
郵撥帳號：19504465 遠足文化事業股份有限公司

封面設計：許紘維
排　　版：藍天圖物宣字社
印　　製：成陽印刷股份有限公司
法律顧問：華洋法律事務所 蘇文生律師

定　　價：380 元
初　　版：2009 年 12 月
四　　版：2020 年 8 月

國家圖書館出版品預行編目（CIP）資料

壽司幹嘛轉來轉去？①：財報快易通—夢想如何創造利潤，創業家、投資人不可不知的財務知識／林總著；武井宏文繪；江裕真 譯 . -- 四版 . -- 新北市：大牌出版，遠足文化發行，2020.08
328 面；14.8×21 公分
譯自：マンガ 餃子屋と高級フレンチでは、どちらが儲かるか？
ISBN 978-986-5511-27-2（平裝）
1. 管理會計　2. 漫畫

494.74　　109008399

前言

寫《壽司幹嘛轉來轉去？》是源於「希望以易於理解的方式告訴大家實際可用的管理會計」的想法而來的。

這書的銷售成績遠比我想像的要好，成為大賣二十七萬冊的暢銷書。

感謝讀者的支持，目前這書已成為管理會計初學者的入門書、企業經營者或部門管理者的實務書，以及開設會計學或管理學的大學或研究所的教科書，受到廣泛的閱讀。再者，讀者的範疇也超越了國界，確定會在中國、韓國、台灣、泰國翻譯後出版。

這次，藉由新銳漫畫家武井宏文先生之手，把該書化為更加易於親近的作品。他畫出了我心目中想像的由紀與安曇教授的樣子，栩栩如生。

本書不但忠於原著，而且連管理會計的細節都講解詳盡、淺顯易懂。

我認為，一個人是否具備管理會計的概念，將會大大左右他的人生。就這角度而言，我不禁希望能讓更多人反覆閱讀《壽司幹嘛轉來轉去？》一書。

林 總

目錄

序幕

突然就任為社長

咦？
啊
由我當社長？
……
怎麼辦，發生這麼不得了的事……
我被選任為新社長?!!

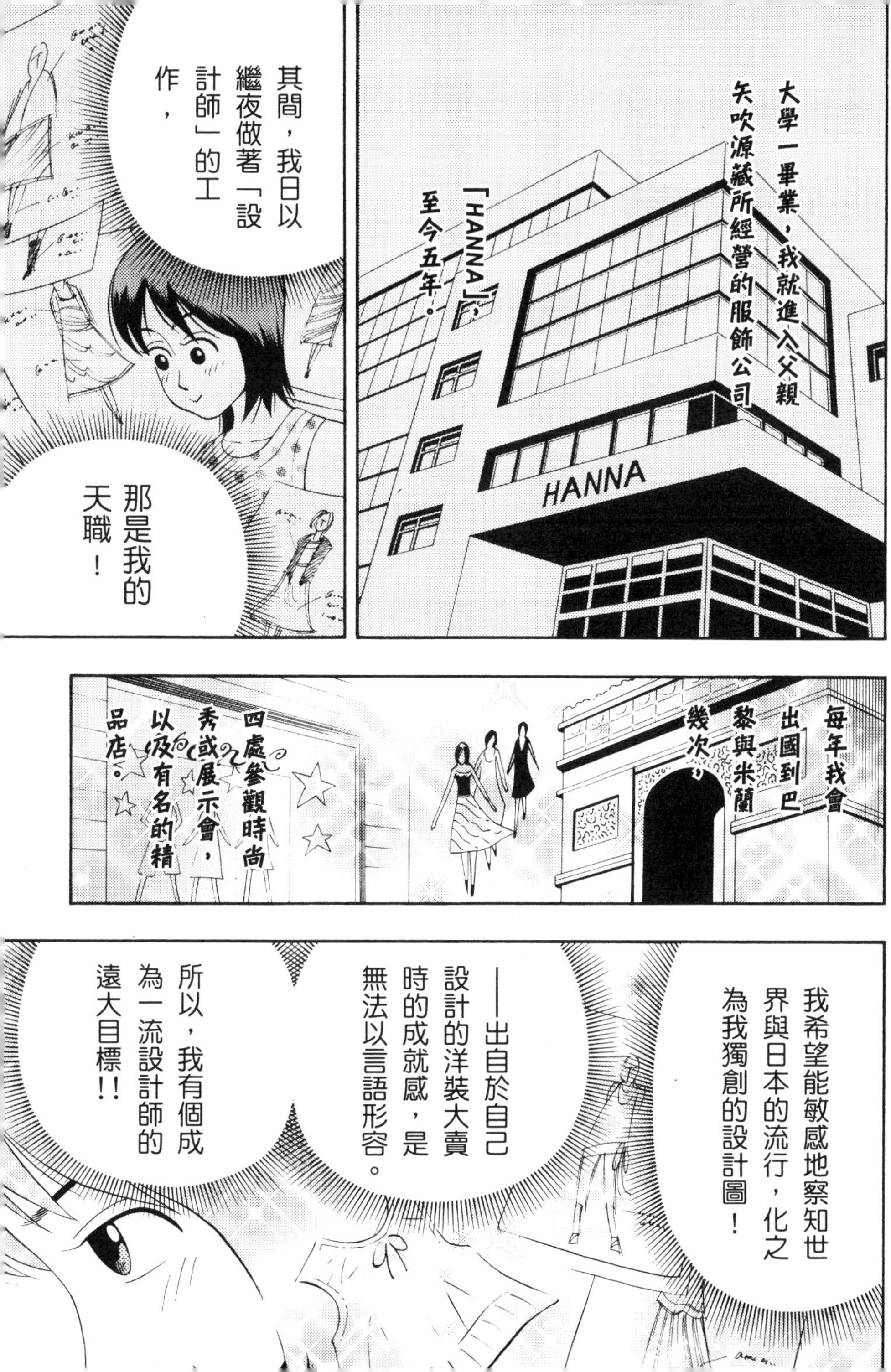
大學一畢業，我就進入父親矢吹源藏所經營的服飾公司
「HANNA」，至今五年。
HANNA
其間，我日以繼夜做著「設計師」的工作，
那是我的天職！
每年我會出國到巴黎與米蘭幾次，
四處參觀時尚秀或展示會，以及有名的精品店。
我希望能敏感地察知世界與日本的流行，化之為我獨創的設計圖！
——出自於自己設計的洋裝大賣時的成就感，是無法以言語形容。
所以，我有個成為一流設計師的遠大目標!!

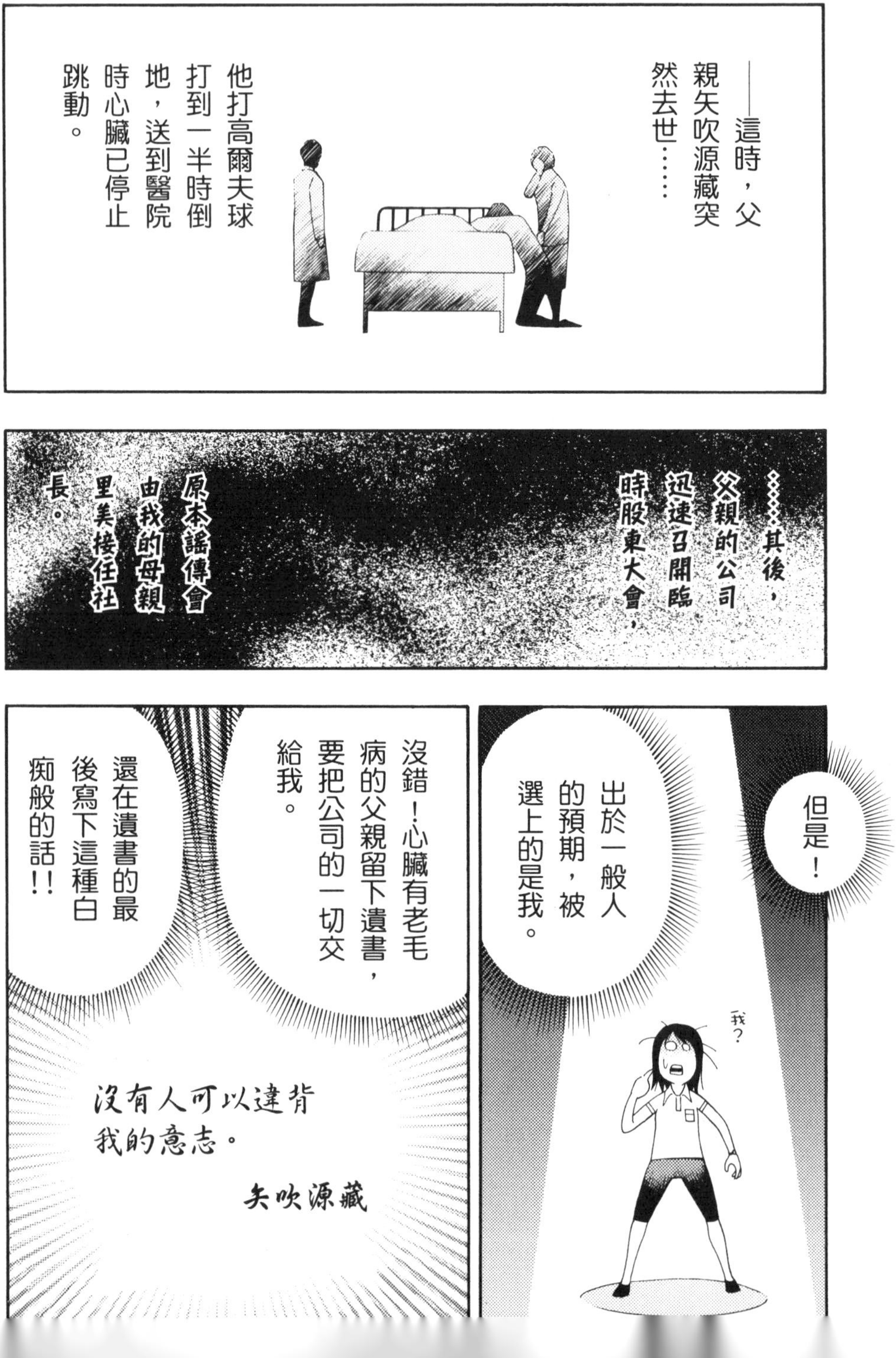
——這時，父親矢吹源藏突然去世……
他打高爾夫球打到一半時倒地，送到醫院時心臟已停止跳動。
……其後，父親的公司迅速召開臨時股東大會，
原本謠傳會由我的母親里美接任社長。
但是！
出於一般人的預期，被選上的是我。
我？
沒錯！心臟有老毛病的父親留下遺書，要把公司的一切交給我。
還在遺書的最後寫下這種白痴般的話!!
沒有人可以違背我的意志。
矢吹源藏

在這樣的緣由下，依照父親的遺言，
我就任為年營業額一百億圓的「HANNA」下一任的代表董事社長。
呆～呆～
太大件～
社長
已經無法回頭了。
請等一下！請等一下！
我怎麼可能擔任社長呢？這樣不是太蠢了嗎？！
（悲痛的吶喊遭到忽視）這是一個年紀輕輕、自己的夢想就遭到扼殺的女性，正面迎向波濤洶湧的海面，勇敢出航的故事。

中止融資的通知

臨時股東大會隔天，很快就發生出乎意料的事情。
一個自稱是公司主要往來銀行、文京銀行本駒込分行行長的男子，前來拜訪。
微笑
微笑
那個人是誰？
偷問…
文京銀行本駒込分行的行長，高田五郎先生。
秘書→
對於前社長這次的不幸，本人深表哀悼。
鞠躬
啊、不…
…嗯
鞠躬

不過，您這位新社長還真年輕。
可能和我女兒差不多年紀吧。
我直接切入正題，請您看看這個。
？
？
我要和您談談與貴公司往來的事。
往來……
高田說明了對HANNA的融資狀況，以及至今與前社長源藏間的往來情形……
這幾年，公司的業績不斷下滑，高田說他多次建議父親斷然進行裁員。

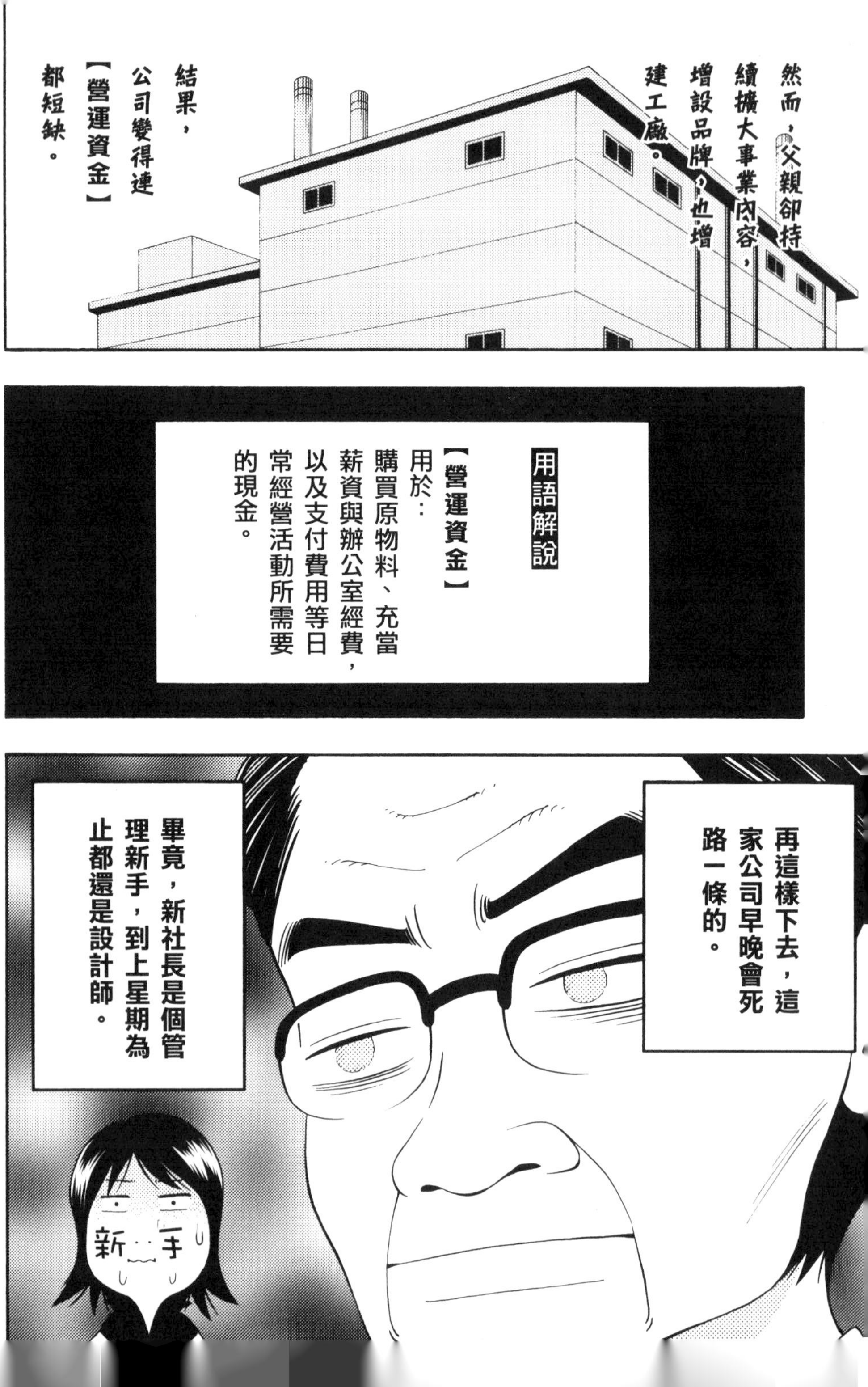
然而，父親卻持續擴大事業內容，增設品牌，也增建工廠。
結果，公司變得連【營運資金】都短缺。
用語解說
【營運資金】
用於：購買原物料、充當薪資與辦公室經費，以及支付費用等日常經營活動所需要的現金。
再這樣下去，這家公司早晚會死路一條的。
畢竟，新社長是個管理新手，到上星期為止都還是設計師。
新手

她不可能讓死路一條的公司經營起死回生。
要盡可能快點多回收一些借款，把對方破產時銀行的損失降到最小才行，現在就是好機會。
呃……
這樣的話，我應該怎麼做才……
偷瞄
無能秘書
……
請務必執行令尊所無法做到的裁員。
裁……裁員……
不過，不可能給妳太久時間，
從今天起給妳一年的時間，請妳加油。

可是……雖然你說加油，
但裁員這種事，
我們公司很多員工都有家庭。
總行給了我們指示，今後貴公司的追加融資，我們一概不再接受。
而且，您家的房子也要繼續充當擔保品。
還有，也要麻煩新社長提供個人擔保。
個人擔保？
？……
……？
我就在什麼也不懂的狀況下，照著他說的蓋下了印鑑。
那麼，請多指教。
鞠躬

社長——！拜託妳不要把我裁掉。求求妳！
最近我才剛生第二個女兒而已
慘了……我終於察覺到事態的嚴重性。
負債
HANNA
從父親手中接下的公司，是一艘有著大量負債的泥船。
而且我甚至為貸款做了個人擔保……
再這樣下去，我會變得一文不名吧……

這樣是要叫我怎麼辦才好?!!
社長
HANNA

請求會計專家提供諮詢

一定要趕快在高階幹部中，
找到可以幫我忙的人才行！
這和我無關。
騙人!!
我不知道。
無法相信……
為什麼？
公司現在不是狀況很危急嗎？
光靠我一個人，什麼也做不了……

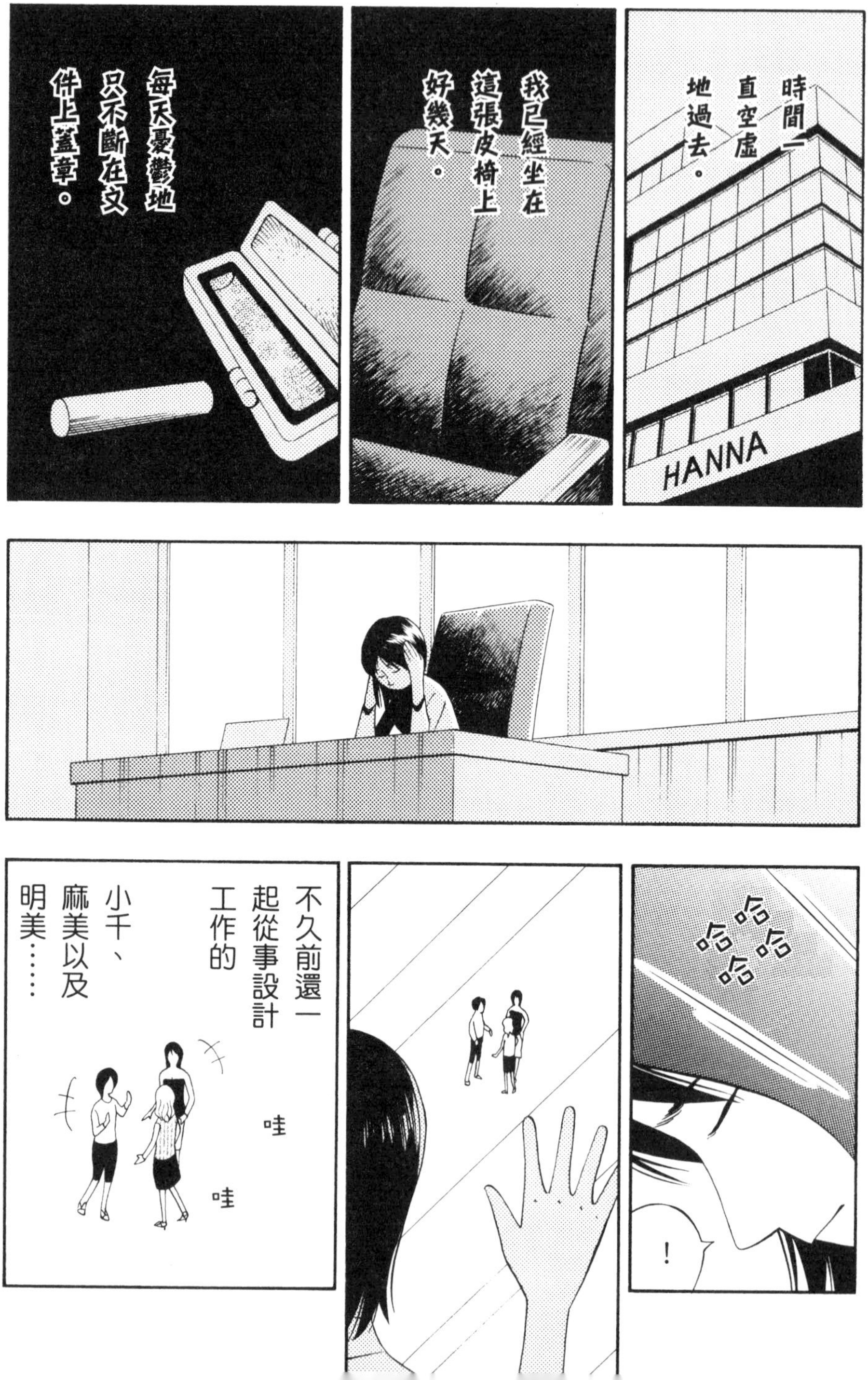
時間一直空虛地過去。
我已經坐在這張皮椅上好幾天。
每天憂鬱地只不斷在文件上蓋章。
HANNA
哈哈哈哈
!
不久前還一起從事設計工作的
小千、麻美以及明美……
哇
哇

我好想回去唷。
我好想回到那個大家一起每天都好快樂的地方……
由紀可真是大大發達了呢——
對呀，下次大家一起幫她慶祝吧。
在那之後，經過了大概一個月的某個星期日傍晚……
由紀家所在的大樓
我從母親那裡聽到一個出其不意的名字。

妳要不要去找住在五樓的安曇先生商量看看？
安曇先生？
該不會是那個爆炸頭的怪人？
健身俱樂部
One, Two…
One, Two…
為……為什麼要找那個人商量？
我才不要，好噁心。
喝～
由紀，妳不知道他是什麼來頭嗎？
嗯，可以的話，我不想知道
卡滋～

之前聽妳爸爸講的，那個人有公認會計師的資格，
當了上市公司的社長，現在聽說在研究所教會計唷。
我記得他好像也出了好幾本書吧。
公認會計師！上市公司的社長?!

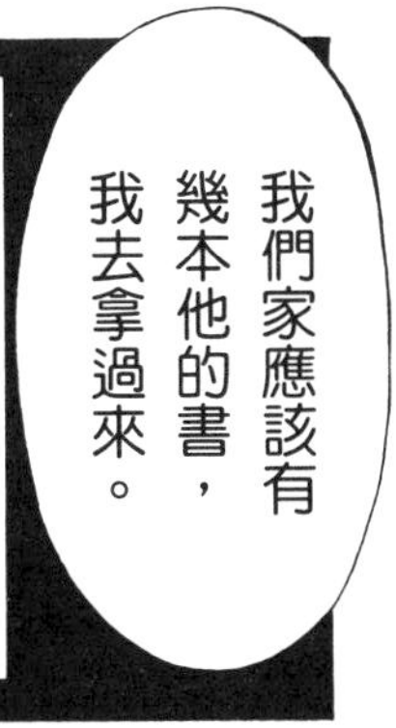
我們家應該有幾本他的書，我去拿過來。

用語解說

【會計】

企業的會計分為「財務會計」與「管理會計」兩種。所謂的「財務會計」是為了把公司的業績報告給股東、銀行或交易對象、政府或地方公共團體等外部利害關係人（stakeholder）之用的會計。

相對的，所謂的「管理會計」是提供管理所需資訊的會計，是以「計畫與控制」為對象的會計。

※本書主要是針對管理會計所寫。

出——現
人生會計
專家教你會計的秘密
暢銷書
安曇 捷
一讀就通會計的一切
超人氣！
安曇 捷
……
卡滋
卡滋
卡滋
卡滋

媽，這本書……
把我想知道的一些事寫得很易懂！
真易懂
那真是太好了呢。
怎麼不早點告訴我嘛!!
我現在就去請他指導！
韃
韃
……
卡滋
卡滋
叮咚
叮咚
叮
咚

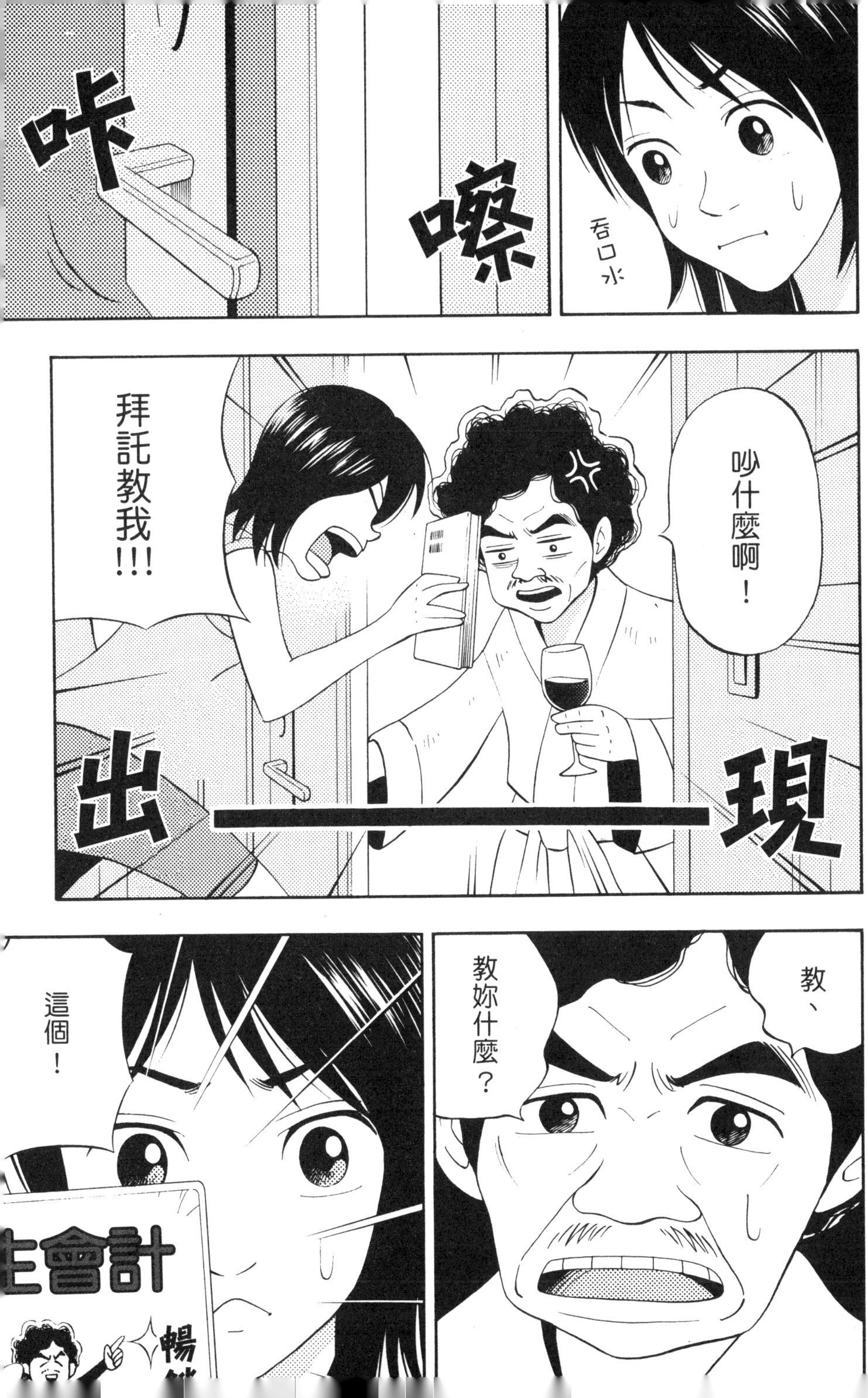
吞口水
嚓
咔
吵什麼啊！
拜託教我!!!
出——現
教、
教妳什麼？
這個！
會計
暢

……哦
妳還算可愛嘛。
閃爍
？
好吧，我樂於幫妳的忙。
啊，真的嗎？謝謝你！
在如此失禮的見面方式下，我把自己目前所處的立場，以及公司的狀況，都告訴了安曇先生。
不過，由紀小姐，
我有三個條件。

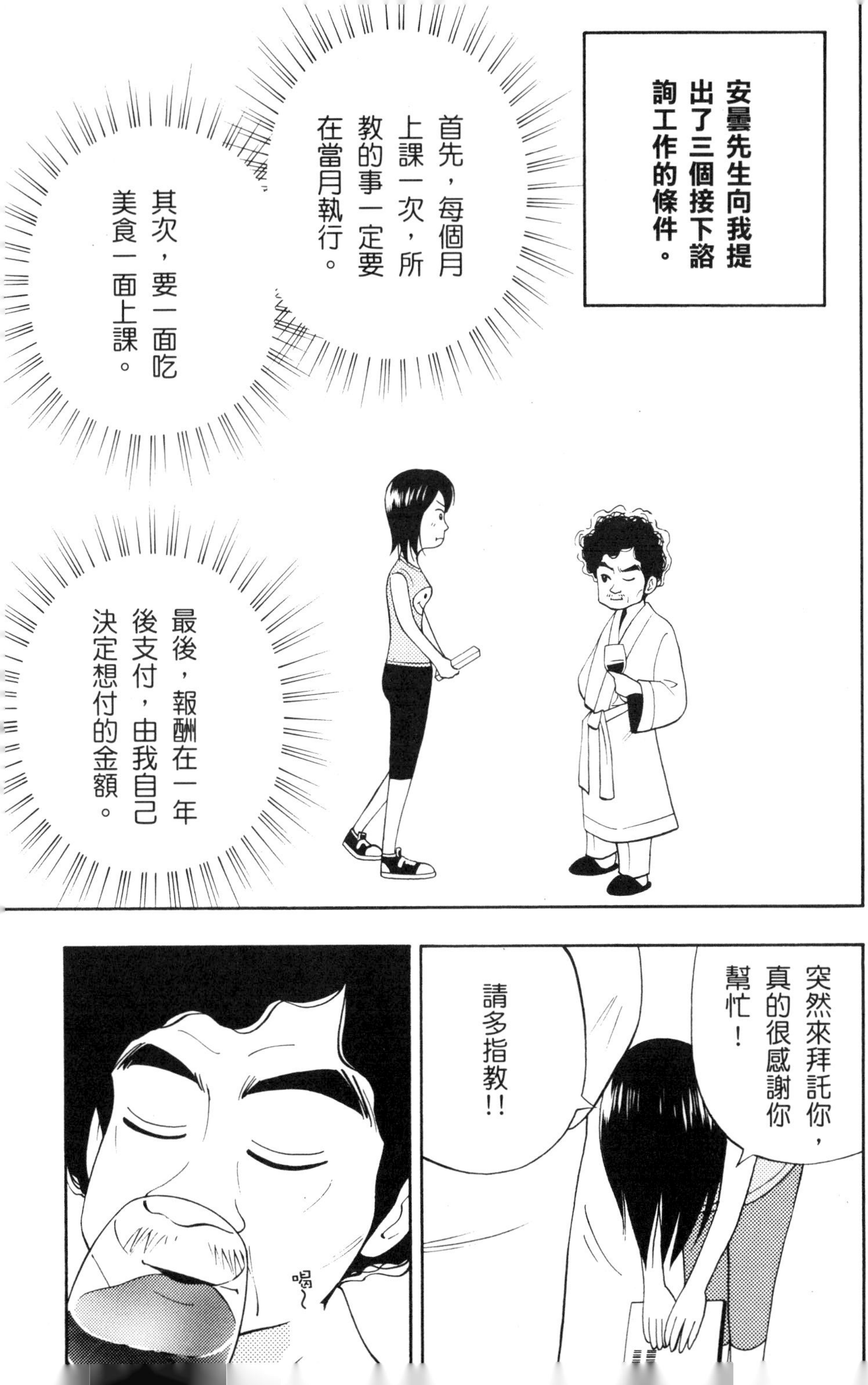
安曇先生向我提出了三個接下諮詢工作的條件。
首先，每個月上課一次，所教的事一定要在當月執行。
其次，要一面吃美食一面上課。
最後，報酬在一年後支付，由我自己決定想付的金額。
突然來拜託你，真的很感謝你幫忙！
請多指教!!
喝~

對啦，我的嗜好是吃東西和減肥唷。
閃閃發亮
……
303
安曇
One, Two…
One, Two…
竊笑

第1章 會計是騙人畫、隱藏畫

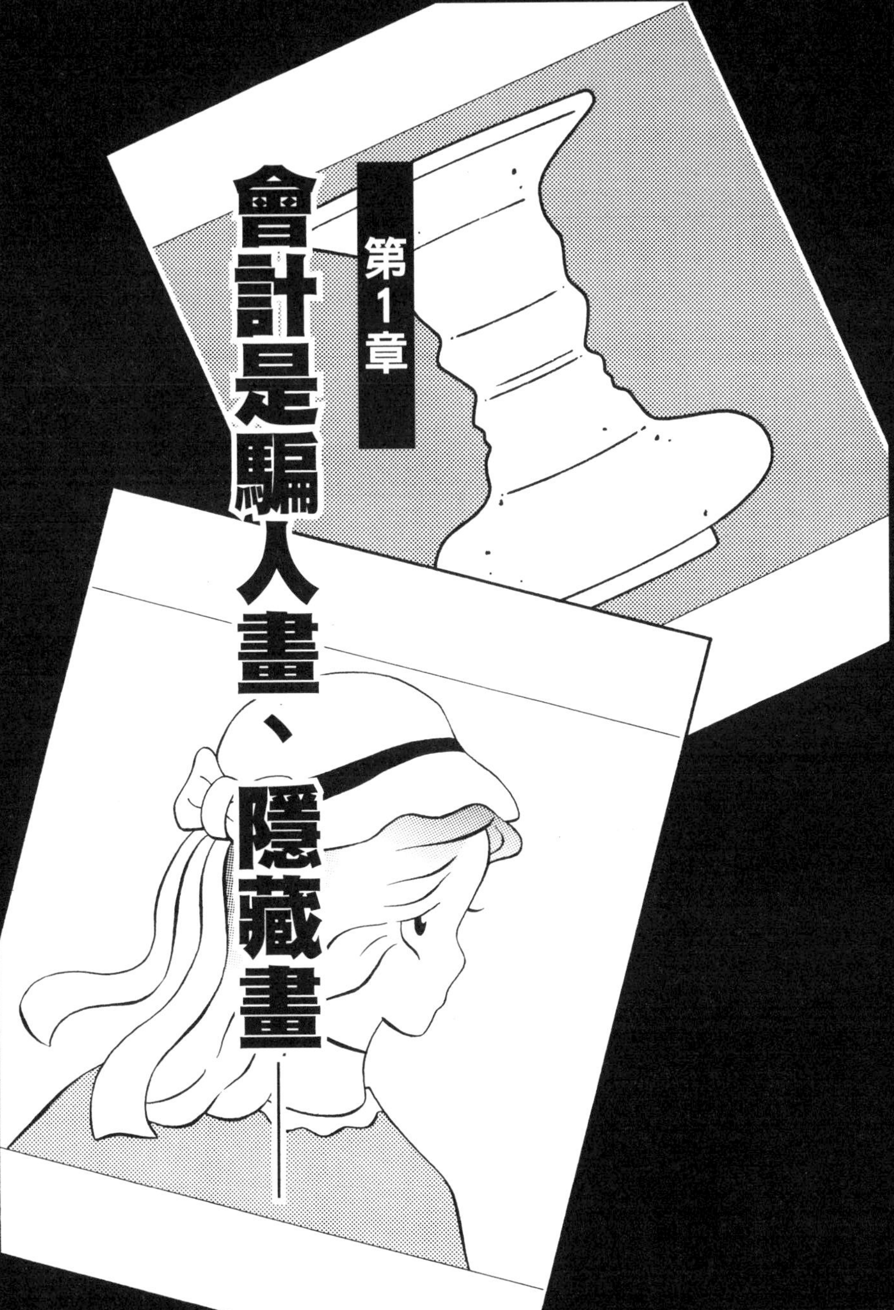

～會計的本質與損益表結構～

築地的會席料理店

築地——高級日式餐廳
鏘！
安曇先生差不多該到了吧……
忐忑
忐忑
忐忑
……上星期下定決心找安曇先生提供諮詢真是太好了……
光是有人可以商量，心情竟然就變得這麼平靜……
——不過，今天的會議還真是誇張！
高階幹部們擺明了把我這個社長當成空氣，只講著他們自己想講的話

【產品】庫存之所以增加，是因為工廠毫不節制生產太多所造成的吧!!
Hanna 董事暨會計部主任
齊藤隆造
不，我們只照著指示的數量生產，之所以不賣是因為設計太差。
製造部主任
林田達也
等一下！
Hanna 製造企劃部主任
千田實
不是吧，是因為你的部門生產品質不好，才不賣的吧。

？
？
？

用語解說

【產品】

企業所生產、用於銷售的東西稱為產品；進貨後用於銷售的東西稱為商品。

【會計部】

會計部有三項功能，其一是製作會計冊、進行決算的功能（主計）；其二是調度與運用資金的功能（財務）；另外還有提供營收太少、成本過高、庫存太多、應投資設備等資訊給經營高層的功能（管理）。

那樣也不對
那樣也不對
混帳東西！
×△□※○
在大家討論到最後時，齊藤先生對我說
下達明確的指示給我們，是社長的工作。請您做出判斷！
擺明是要找我麻煩，
但現在的我卻什麼也做不了。
緊握…
臉色變沉
！
哎呀～我遲到了，真是抱歉。
抓～
抓～

今天第一次上課，就吃九繪魚全席吧。（註）
這裡好像不太適合我……！
是！
麻煩您了！

編註：日本人稱為「夢幻之魚」，富含膠原蛋白，口感與河豚不相上下，但比河豚多了一些清爽香氣。

那麼，
從父親手中接手的這家公司，妳希望它變成怎麼樣？
說真的……在拜託老師您之前，我覺得公司就算破產也無所謂。
但現在……對於這家從父親手中接下的公司……

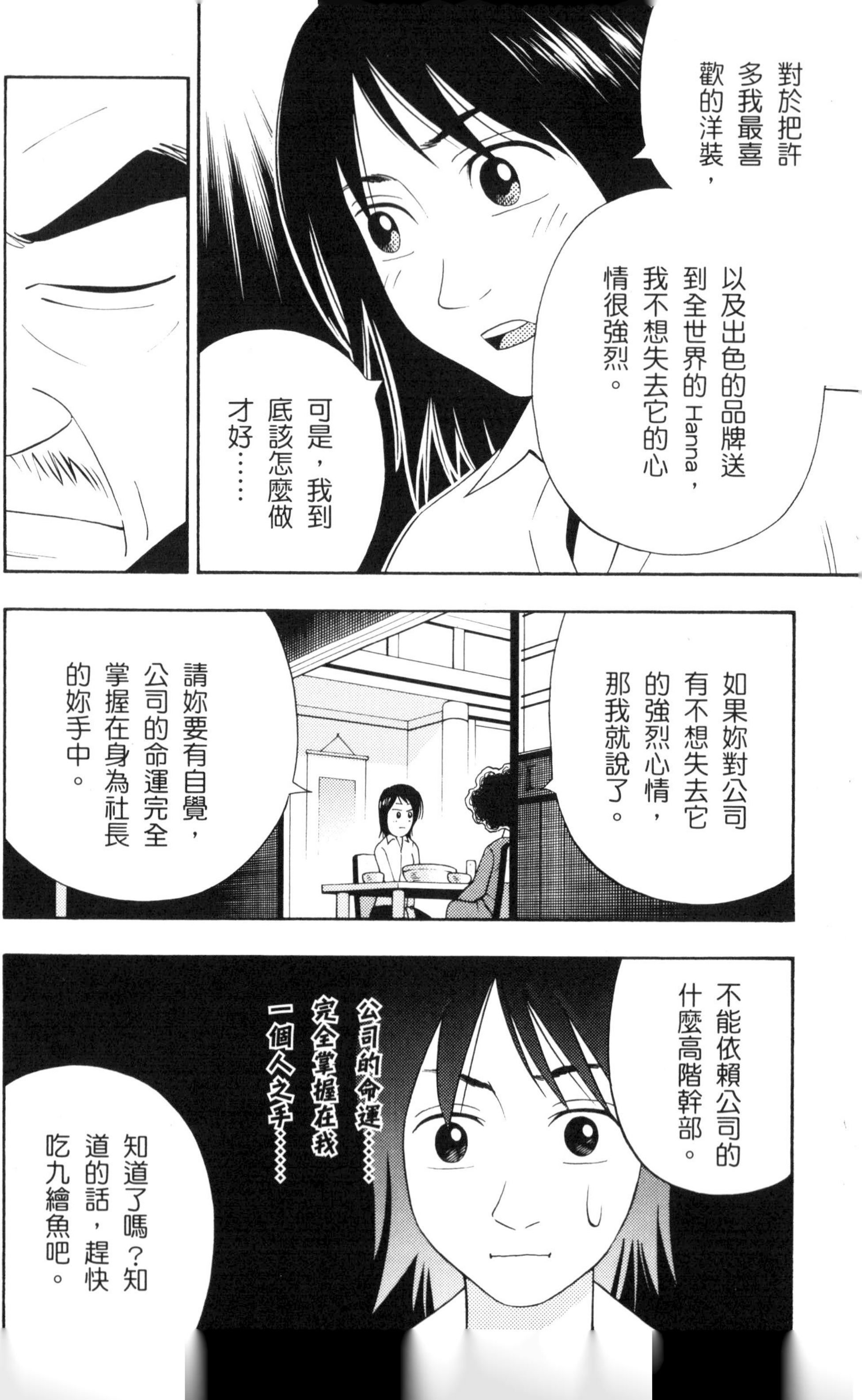
對於把許多我最喜歡的洋裝，
以及出色的品牌送到全世界的Hanna，我不想失去它的心情很強烈。
可是，我到底該怎麼做才好……
如果妳對公司有不想失去它的強烈心情，那我就說了。
請妳要有自覺，公司的命運完全掌握在身為社長的妳手中。
不能依賴公司的什麼高階幹部。
公司的命運……完全掌握在我一個人之手……
知道了嗎？知道的話，趕快吃九繪魚吧。

噗滋…
噗滋~
那個!!
這樣的話，身為社長，我第一件該做的事是什麼呢？
那當然是學習會計囉。
會……
會計?!
為什麼經營公司需要會計，我看不出來。
會計充滿讓人不明其意義的分錄與算式，還有特殊的會計用語。
對由紀而言，會計是這個世界上最沒吸引力的學問了。

魯賓花瓶的隱藏畫

來這裡的途中，我買了這樣的東西……
這本書上的這張畫，妳看起來像什麼？
？
白色的花瓶嗎？
欸……
如果改變觀察角度，又覺得好像男女的臉彼此相對……
！
沒錯！
這是一張有名的「隱藏畫」，叫做魯賓的花瓶。（註）
第一次看到它，會覺得像是花瓶，或是像兩張對看的臉，是一張很不可思議的畫。

編註：視覺錯覺圖，由丹麥心理學家魯賓（Edgar Rubin）於一九一五年繪製。

重點在於，一開始只看得到其中一張圖，
看習慣之後，才會漸漸看出隱藏起來的另一張圖。
……這張「**隱藏畫**」和會計有什麼關係呢？
大有關係！
看到【**財務報表**】時，新手只懂得一種看法。
但經過訓練後，就能看出財務報表的其他模樣。也就是說，會計就像「**隱藏畫**」一樣。

真……真的嗎？
如果是這樣的話，又好像滿有趣的……

用語解說

【財務報表】

財務報表的種類很多，從法律所規定的，到企業為經營管理之用而自行製作的都是。在公開企業的績效時所製作的代表性財務報表有資產負債表、損益表、現金流量表。資產負債表又稱借貸對照表，它記載了企業在特定時點（決算日）下所保有的資產、負債、股東權益（詳見第二章）。損益表則是用於表示一定期間的營收（銷貨收入），以及為此而花費的費用，藉以呈現該期間利潤（虧損）的報表。現金流量表（第三章）則是用於表示一定期間內現金（現金及約當現金）的增減或餘額，以呈現該期間內資產流動狀況的報表。

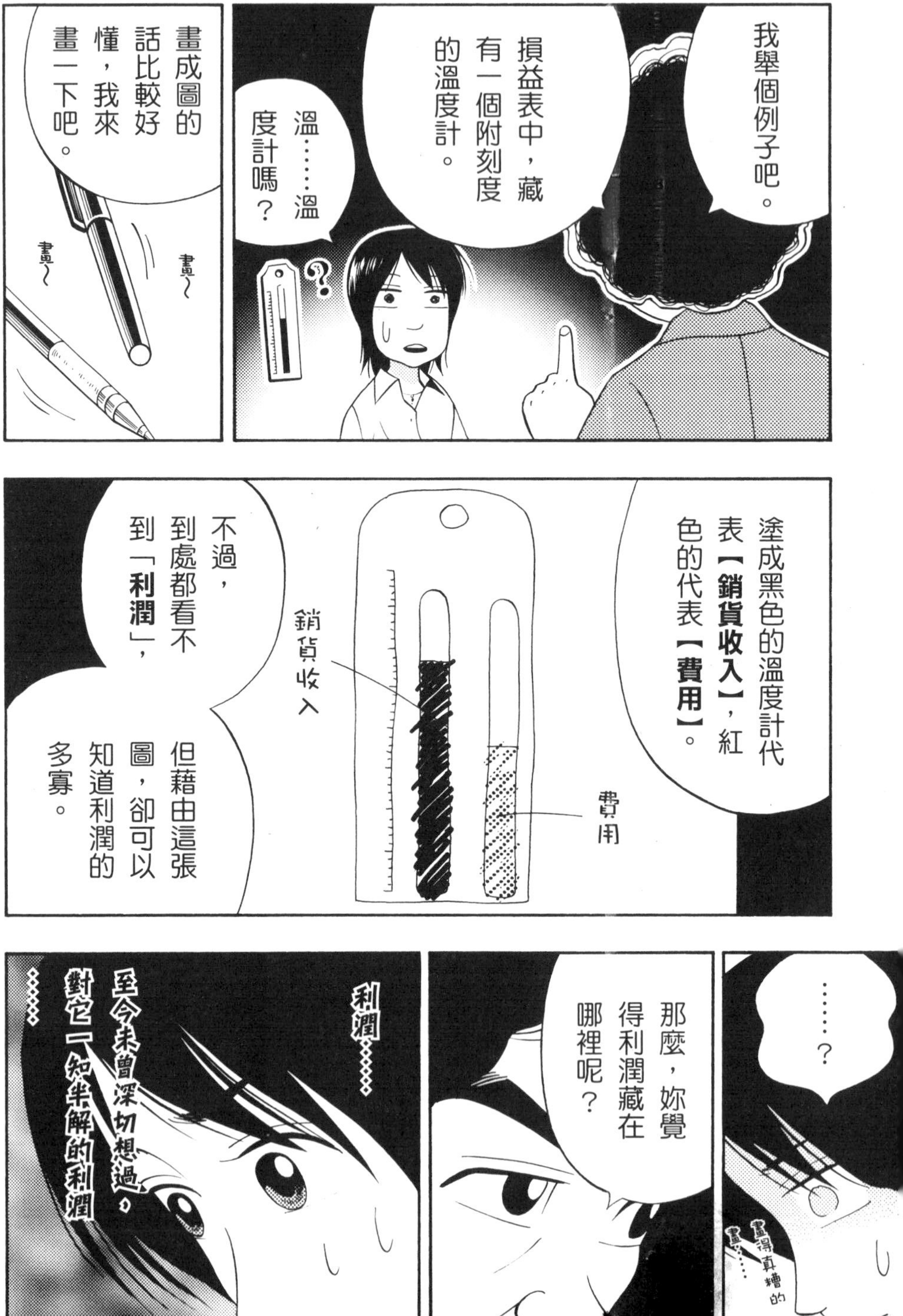
我舉個例子吧。
損益表中，藏有一個附刻度的溫度計。
溫……溫度計嗎？
畫成圖的話比較好懂，我來畫一下吧。
畫～
畫～
塗成黑色的溫度計代表【銷貨收入】，紅色的代表【費用】。
銷貨收入
費用
不過，到處都看不到「利潤」，
但藉由這張圖，卻可以知道利潤的多寡。
……？
畫得真糟的畫……
那麼，妳覺得利潤藏在哪裡呢？
利潤……
至今未曾深切想過，對它一知半解的利潤
……

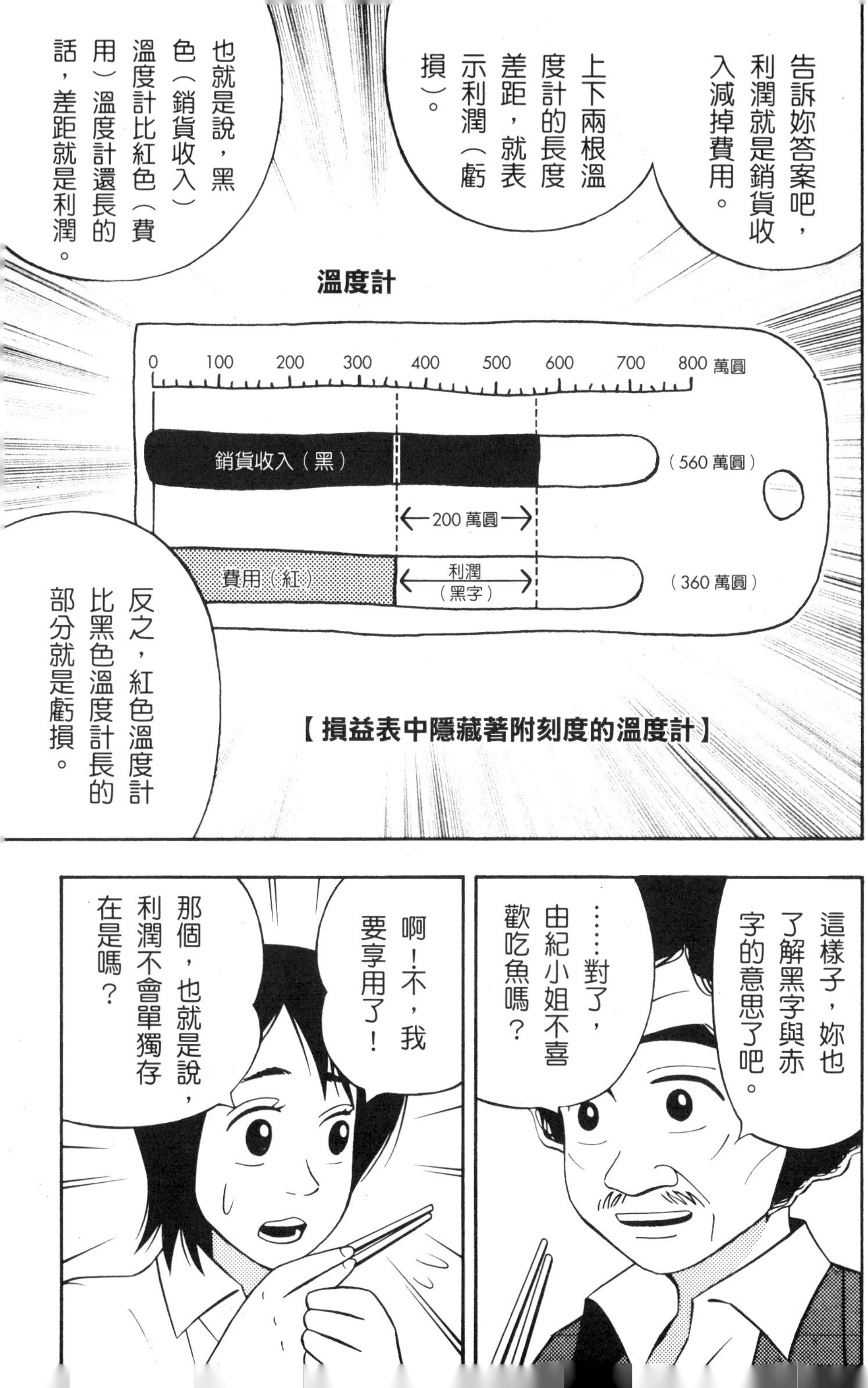

告訴妳答案吧，利潤就是銷貨收入減掉費用。
上下兩根溫度計的長度差距，就表示利潤（虧損）。
也就是說，黑色（銷貨收入）溫度計比紅色（費用）溫度計還長的話，差距就是利潤。
溫度計
0 100 200 300 400 500 600 700 800 萬圓
銷貨收入（黑）
（560 萬圓）
200 萬圓
費用（紅）
利潤（黑字）
（360 萬圓）
反之，紅色溫度計比黑色溫度計長的部分就是虧損。
【損益表中隱藏著附刻度的溫度計】
這樣子，妳也了解黑字與赤字的意思了吧。
……對了，由紀小姐不喜歡吃魚嗎？
啊！不，我要享用了！
那個，也就是說，利潤不會單獨存在是嗎？

由紀至今一直以為，利潤是存在於銷貨收入與成本之外的東西，但並非如此。
沒錯！利潤是一種差額的概念。
這家店的清酒很好喝唷！

用語解說

【銷貨收入】

物品的銷售、運送等服務的提供，或是資金的操作等等所獲得的價值，稱為收益。在收益中，藉由產品或商品的銷售而流入的價值，就是銷貨收入。為取得收益而消費掉的價值，稱為費用。利潤則是流入的價值與所消費掉的價值間之差額。本書是以物品的產銷或經銷公司為前提所寫的，因此改以銷貨收入稱呼收益。

【費用】

費用的發生就是經濟價值的消費。也就是使用材料，投入人力，以及運用設備等等。把這些置換為金額，就是會計上的費用。

愛喝酒
我要澄清一下，我推薦女生喝酒並無心懷不軌！
那……
老師用溫度計來比喻損益表，有什麼深層的意義在嗎？

嗯……利潤是計算下的結果，無法拿在手中確認。
這件事讓會計成了謎團。
謎團……
是嗎？
……純粹的差額計算變成謎團……
眼前的會計專家，一本正經地說它是謎團。
這種高級白魚肉的蛋白質，真是無可挑剔呀。
這是涉及會計根本基礎的重要主題。
就算妳現在不懂，一年後應該就懂了。
──安曇單方面停止了這個話題。

老婆婆與年輕美女的騙人畫

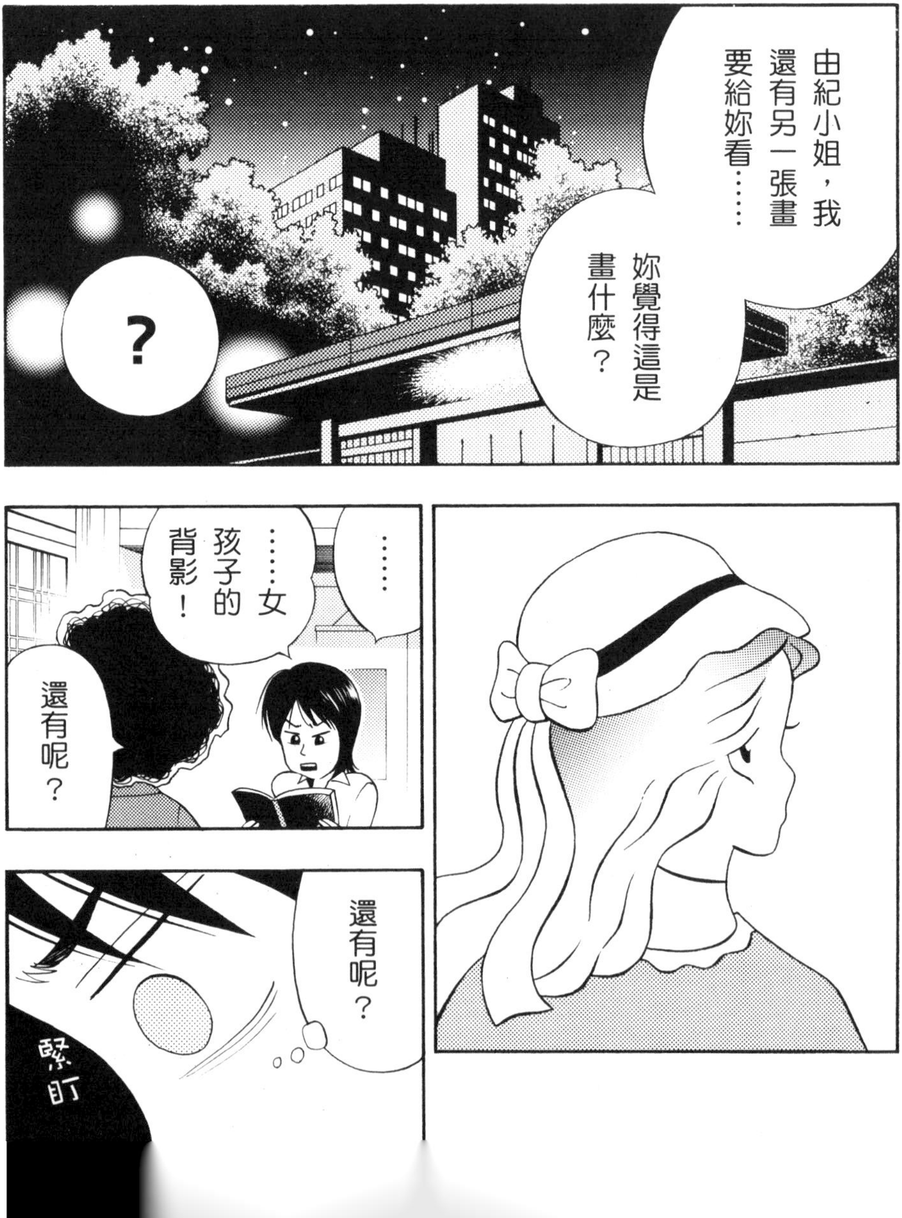
由紀小姐，我還有另一張畫要給妳看……
妳覺得這是畫什麼？
？
……
……女孩子的背影！
還有呢？
還有呢？
緊盯

啊！
老婆婆側著臉！
沒錯！這是老婆婆與年輕美女的「騙人畫」。
該不會，這張圖也和會計有關係？
閃閃發亮
企業製作的財務報表，妳可以當成是和「騙人畫」一樣。
會計專家會使用各式各樣的技巧，希望把財務報表弄好看些，
就像女性化妝一樣。
會計……
並沒有把公司的真貌呈現出來嗎？

這一點就稍微難說了。
它就像在容許的範圍內使用高明的化妝術把外觀弄得好看。
但如果過度化妝，就會變成「**騙人畫**」。
我……我原本一直以為財務報表是一種呈現真實狀況的東西。
那樣的財務報表，這世上並不存在。
財務報表所傳達的資訊，帶有**【公司的主觀看法】**在內，利潤會隨之而變動。
……主觀看法？

會……會計是這麼隨便的東西嗎？

用語解說

【公司的主觀看法】

會計理則的選擇，以及壞帳準備額等項目之估算等等，會帶有公司的主觀看法在內。

無法理解……
雖然我完全不懂會計，但這種事可以存在嗎？
會計並不隨便……
我說的是會計的本質。
會計並不像自然科學一樣追求絕對的真理，
而是追求立基於原則上的相對真實性。
而且會計不喜歡違反原則，因為那樣會變成為所欲為了。
……要排除為所欲為的性質，大前提是【會計原則的一致性】，妳可以看成是像道路交通法那樣的東西。

用語解說

【會計原則的一致性】企業會計每一期所使用的處理原則及方法必須一致，禁止任意變更。

安曇以道路交通法來比喻會計——
在日本車子靠左通行；在美國則靠右通行。但並沒有誰對誰錯的問題。
然而，選擇其中一種後，就必須持續遵守該原則才行。
問題不在於原則的絕對正確性，沒有人會說「其實應該靠右通行才是對的」——
停
會計也是成立於同樣的想法之上……只要維持會計原則的一致性，就是正確的。

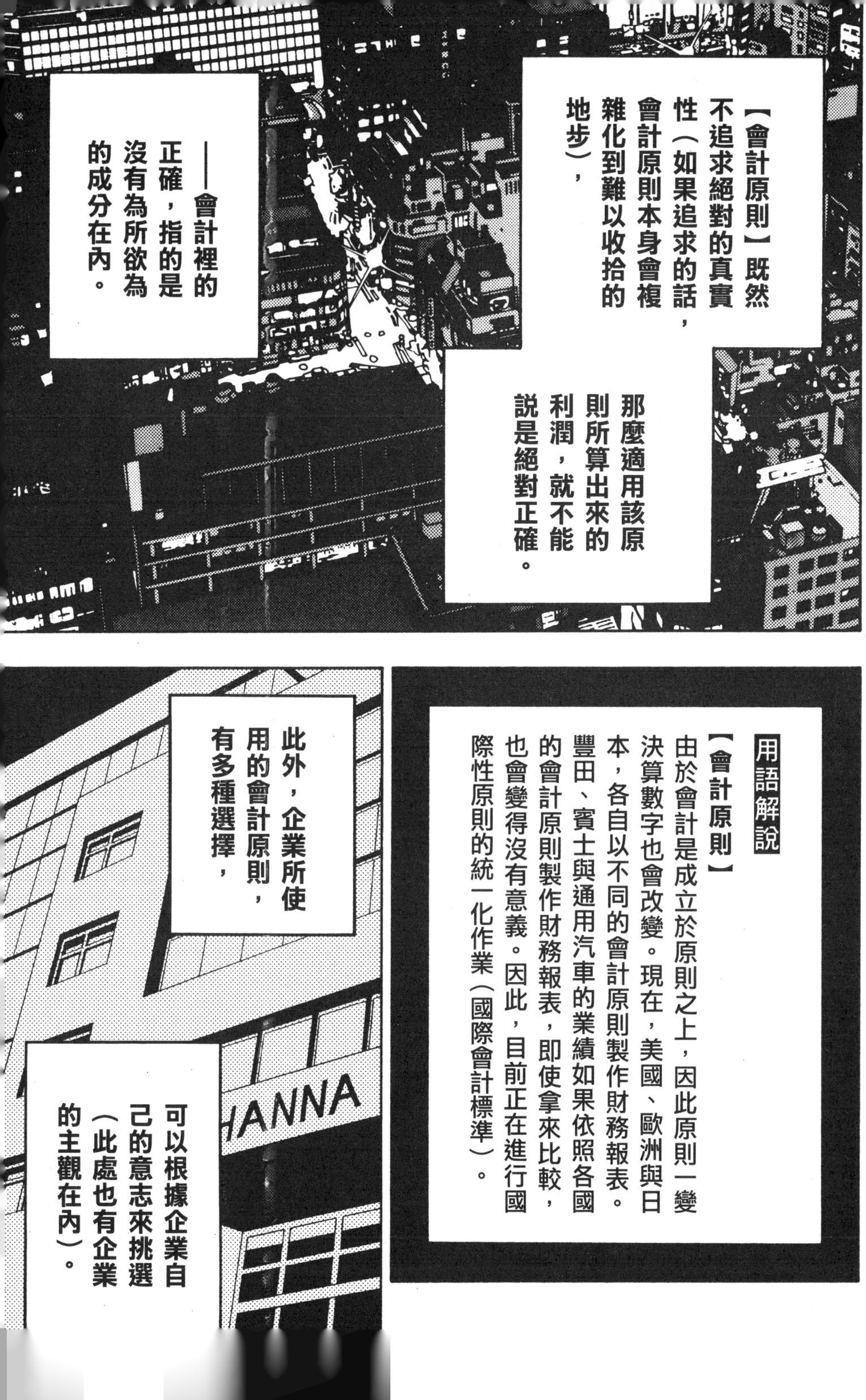
【會計原則】既然不追求絕對的真實性（如果追求的話，會計原則本身會複雜化到難以收拾的地步），
那麼適用該原則所算出來的利潤，就不能說是絕對正確。
——會計裡的正確，指的是沒有為所欲為的成分在內。
用語解說
【會計原則】
由於會計是成立於原則之上，因此原則一變決算數字也會改變。現在，美國、歐洲與日本，各自以不同的會計原則製作財務報表。豐田、賓士與通用汽車的業績如果依照各國的會計原則製作財務報表，即使拿來比較，也會變得沒有意義。因此，目前正在進行國際性原則的統一化作業（國際會計標準）。
此外，企業所使用的會計原則，有多種選擇，
HANNA
可以根據企業自己的意志來挑選（此處也有企業的主觀在內）。

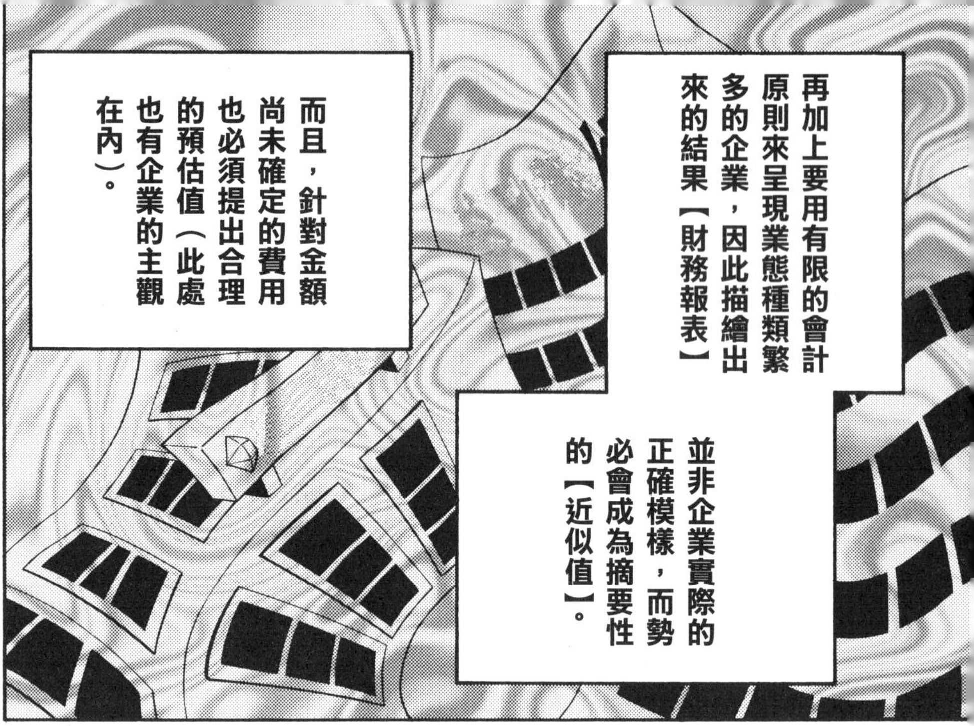
再加上要用有限的會計原則來呈現業態種類繁多的企業，因此描繪出來的結果【財務報表】
並非企業實際的正確模樣，而勢必會成為摘要性的【近似值】。
而且，針對金額尚未確定的費用也必須提出合理的預估值（此處也有企業的主觀在內）。

如上所述，會計數值是帶有主觀在內、摘要性的近似值。
抽搐～
抽搐～
抽搐～
不支倒地～
抽搐～

用語解說

【近似值】

同一業種中，如果有營收一億圓的公司，也有一兆圓的公司，後者所執行的業務內容，會比前者複雜得多。然而，製作出來的財務報表，基本上是相同的形式。製鐵公司與生產電腦的公司也一樣。由此可知，財務報表是摘要性地呈現出企業實際狀況的近似值。

正因為會計數值與財務報表有差距，因此有「騙人畫」的性質，
並非絕對正確……
身為經營者的妳，必須先知道這一點！
對不起……
這對我來說已經太難了。
喪失鬥志
這香瓜雖然不是當令，還是很好吃呢！
這個嘛，由紀小姐，經營就是不讓公司倒，而會計是經營不可或缺！
不過，也不能把會計數值照單全收，因為
它是「隱藏畫」，也是「騙人畫」嘛。
搖晃～
搖晃～
是的……我知道了。

只要發現「隱藏畫」，就能確切掌握潛藏在數字背後的本質。
而太過相信「騙人畫」的話，就會犯下嚴重的判斷錯誤。
寫~寫~寫~寫~
下次我再講些具體的東西吧，
妳也要依照約定，盡速執行學到的事。
在一年以內，高田分行長會對妳刮目相看，妳不會破產，而我也會得到妳支付
的報酬，這樣不就皆大歡喜了！
微笑
好的!!
安曇先生的臉，變成好像佛祖一樣了……
而我的心情，也稍微放寬了。

第2章 提升現金製造機的效率吧

銀座的餐廳

MITSUKOSHI
ギフトセンター
伊久美
ソフィア
センチュリークラブ
Century Club
7
……叮!
敞開~
忐忑~
忐忑~
!!

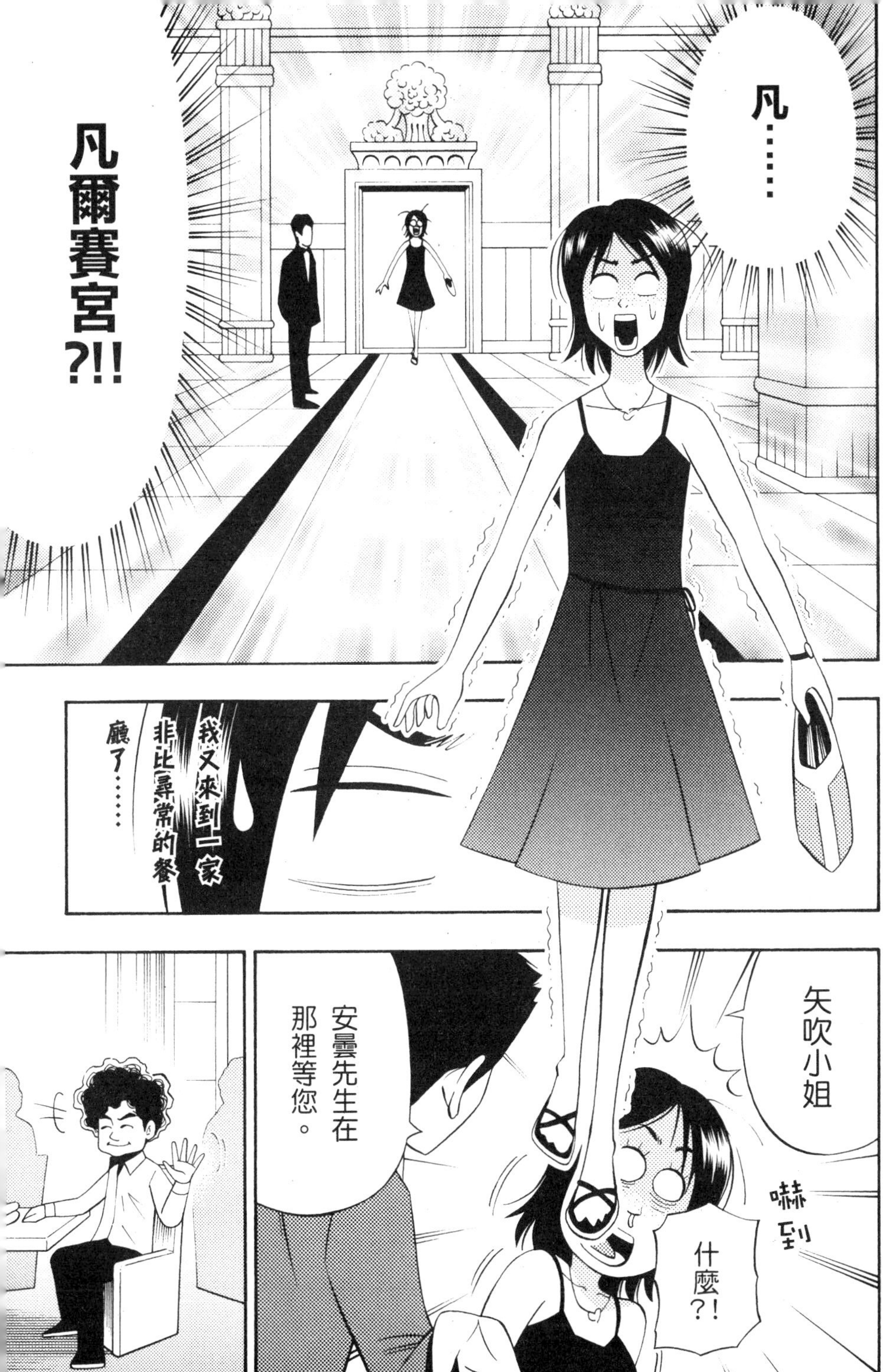
凡……
凡爾賽宮?!!
我又來到一家非比尋常的餐廳了……
矢吹小姐
安曇先生在那裡等您。
嚇到
什麼?!

忐忑~
忐忑~
忐忑~
套餐可以吧？
我也點了紅酒唷。
真……真棒的餐廳呢……
到這種高級餐廳用餐，我還是第一次。
ANGELUS
GRAND CRU CLASSÉ
CHATEAU
ANGELUS
1995
St Emilion Grand Cru
BOÜARD DE LAFOREST
△※□○
×□※
?

由紀小姐
聖愛美濃酒區的一級特等酒莊—安捷勒斯酒莊的紅酒！
哇……好棒♪
安曇先生，對不起，我只認得啤酒的品牌而已！
—唯獨某人，只看到倒在玻璃杯中呈絲絨色的液體，
他就能確信箇中的風味絕佳。
乾杯
由紀小姐？

對不起
今天我又被高田分行長唸得很慘……
兩星期以內——
請在兩星期以內完成組織重整計畫。
在那時候，我還無法理解什麼是組織重整。
兩星期唷
偷瞄偷瞄
與我一同參加會議的會計部主任齊藤，一直保持沉默。
他從頭到尾只一直在看高田分行長的臉色。

安曇老師，組織重整指的是裁員對嗎？
我不想裁掉為公司工作的員工。
也有那樣的一面，
但組織重整的本質並非人員整理。
？
對了，妳曾經胖起來過嗎？
欸？
嗯……我是那種一疏忽就會馬上胖的體質，因此我會去健身房。
這樣的想法很正確……
如果不運動又一直吃的話，內臟會不斷累積脂肪，對健康不好。
如果不加注意，也可能致命。
這裡的鵝肝果然好吃呢！

妳的公司也是一樣呀。
！
你是說Hanna太過肥胖嗎？
可以說是不健康的肥胖兒。
Hanna到底哪裡長了贅肉呢？
？
是說Hanna需要減肥嗎？
那種不上不下的方法會來不及，必須要用外科手術般的方式去除贅肉，否則會有生命危險……
至少，高田分行長的想法是這樣的。
……
胖嘟嘟~
HANNA
胖嘟嘟~
公司的贅肉……
既然說是贅肉，毫無疑問對公司來講是多餘的東西，
高田先生是在叫我把它去除。

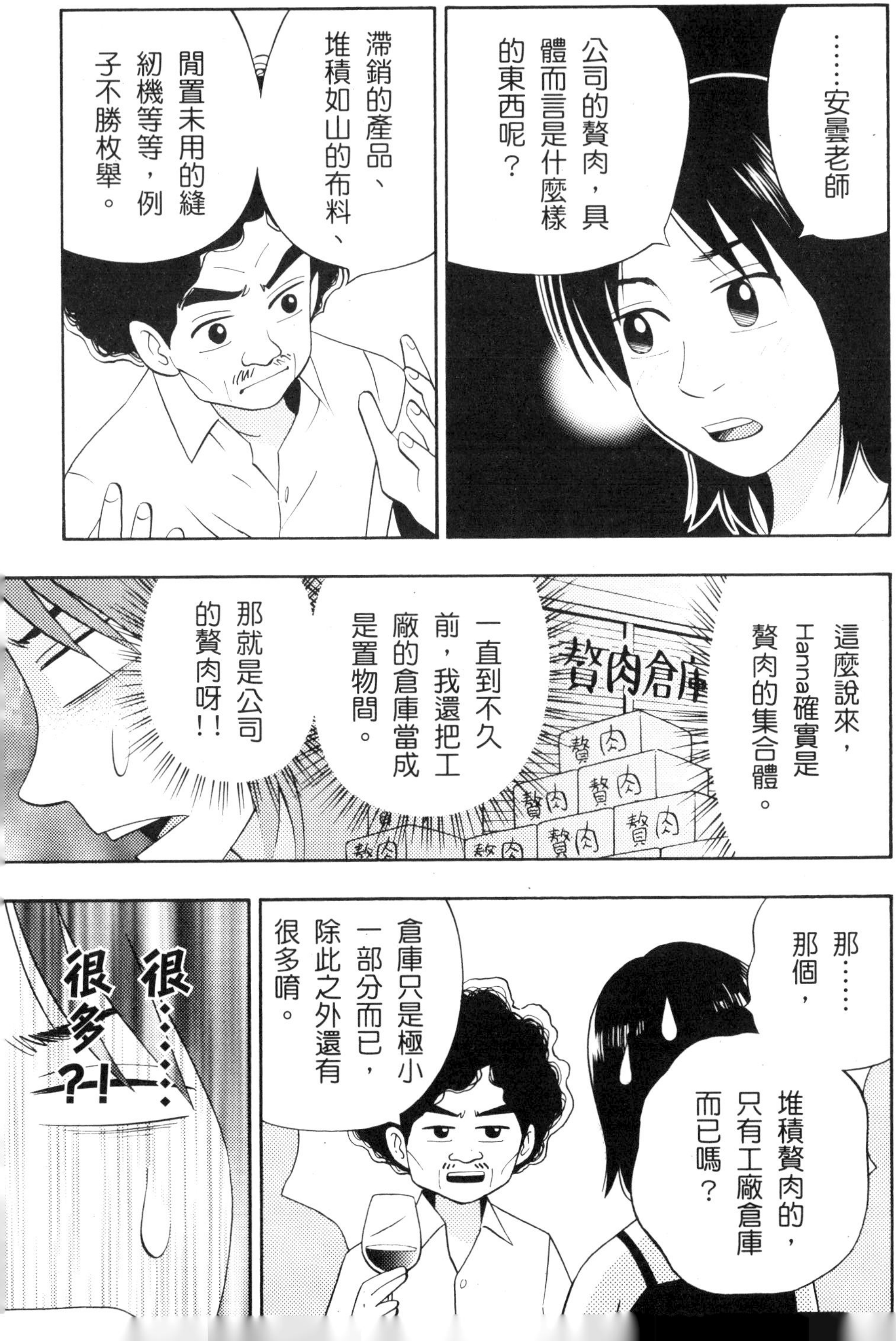

……安曇老師
公司的贅肉，具體而言是什麼樣的東西呢？
滯銷的產品、堆積如山的布料、
閒置未用的縫紉機等等，例子不勝枚舉。
這麼說來，Hanna確實是贅肉的集合體。
贅肉倉庫
贅肉
一直到不久前，我還把工廠的倉庫當成是置物間。
那就是公司的贅肉呀!!
那……那個，
堆積贅肉的，只有工廠倉庫而已嗎？
倉庫只是極小一部分而已，除此之外還有很多唷。
很……很多……?!

有沒有什麼方法，
可以找出贅肉在哪裡呢？
可以使用【資產負債表】唷，請把它當成是公司的X光片或是核磁共振攝影的影像就行了。
由紀雖然看過公司的資產負債表，但對於它的意義卻一無所知。
資產負債表？

用語解說

【資產負債表】把某時點下的資產列於左側，負債與股東權益列於右側，左右的合計金額恰如天秤般平衡，因此稱為資產負債表（Balance Sheet；B／S）或借貸對照表。B／S也一樣，並不是純粹把資產、負債與股東權益排列出來而已，它和損益表一樣是「隱藏畫」。

妳記得「隱藏畫」的事情吧？
記得！
資產負債表同樣也有畫藏在其中……
資產負債表的左側是公司的現金製造機（固定資產）及其內容物（庫存與應收帳款）。
安曇在桌上的「由紀筆記本」裡畫了一張機械的圖。
由紀筆記本

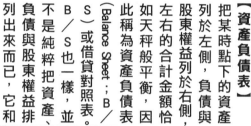

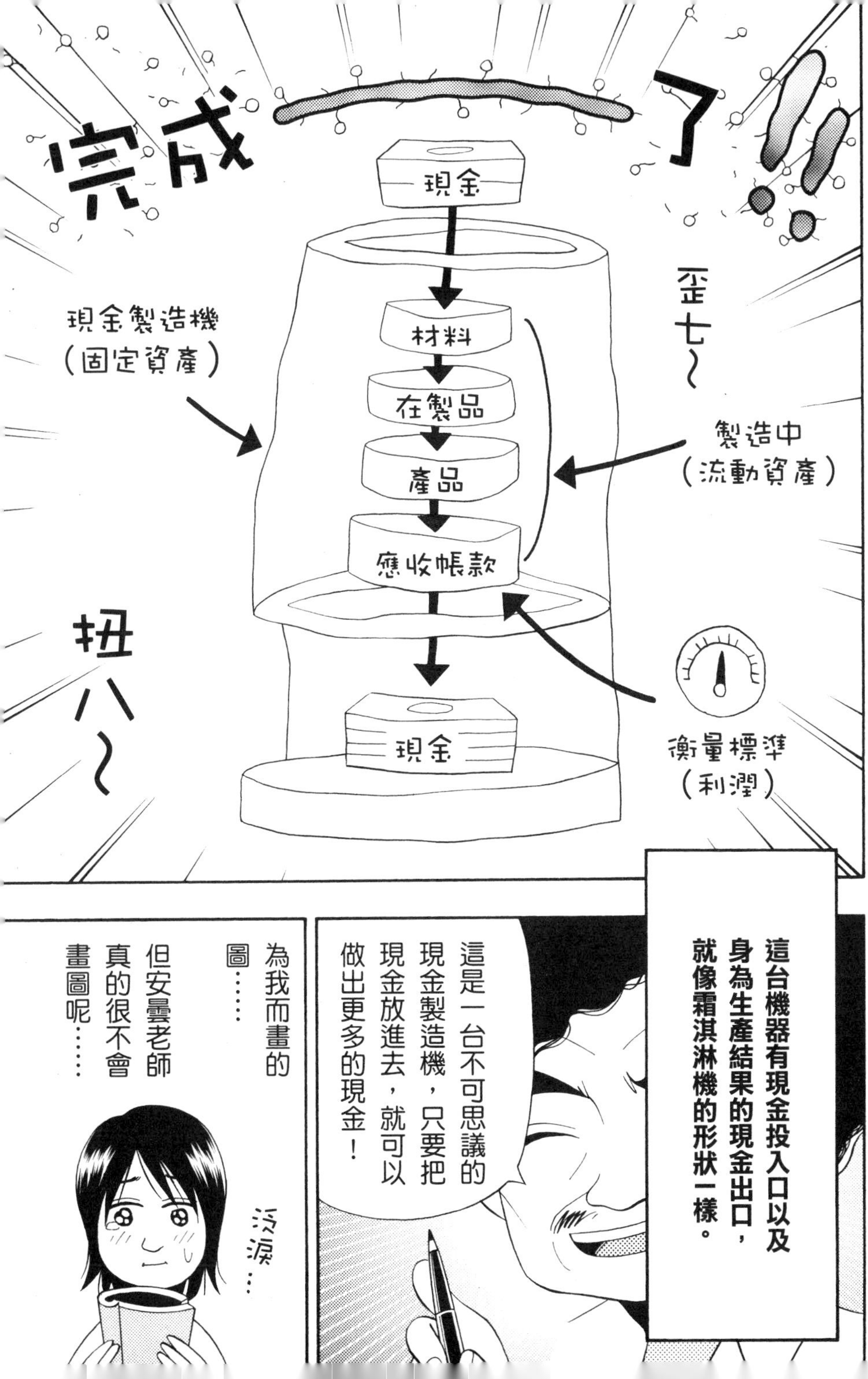

完成——了!!
現金
現金製造機
(固定資產)
歪七~
材料
在製品
產品
應收帳款
製造中
(流動資產)
扭八~
現金
衡量標準
(利潤)
這台機器有現金投入口以及身為生產結果的現金出口,就像霜淇淋機的形狀一樣。
這是一台不可思議的現金製造機,只要把現金放進去,就可以做出更多的現金!
為我而畫的圖……
但安曇老師真的很不會畫圖呢……
泛淚……

開始要先有現金

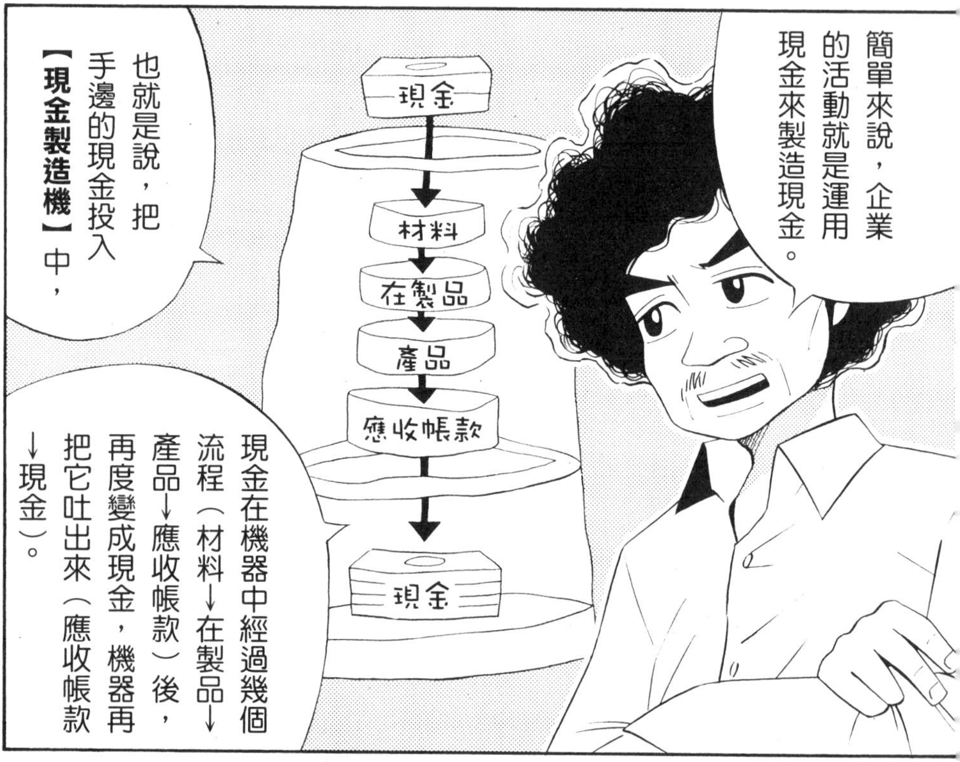
簡單來說，企業的活動就是運用現金來製造現金。
也就是說，把手邊的現金投入【現金製造機】中，
現金
材料
在製品
產品
應收帳款
現金
現金在機器中經過幾個流程（材料↓在製品↓產品↓應收帳款）後，再度變成現金，機器再把它吐出來（應收帳款↓現金）。

用語解說

【現金製造機】

現金會變形為材料↓在製品↓產品↓應收帳款，然後再次變回現金。這樣的過程稱為營業循環，發生於現金製造機的內部。

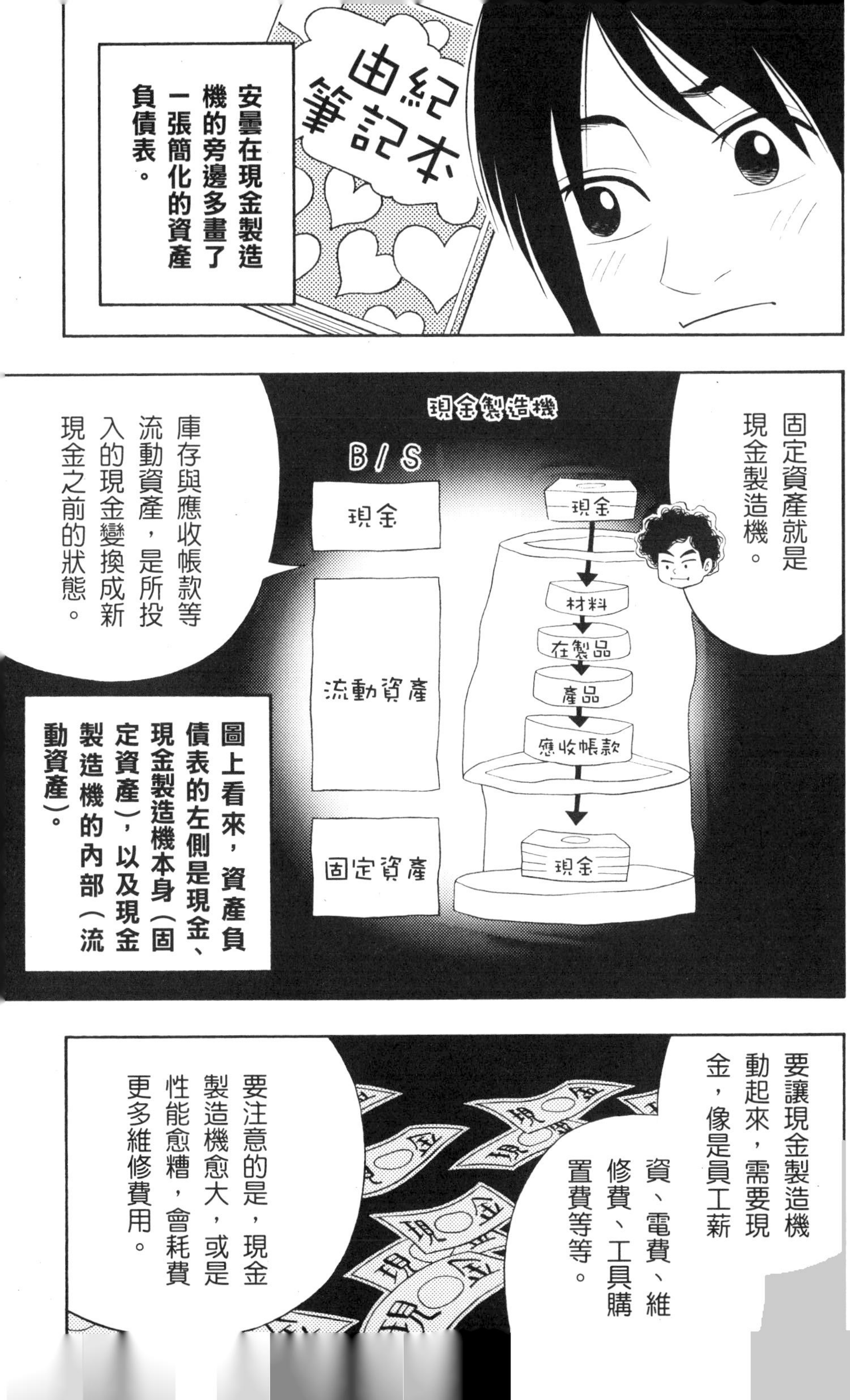
由紀筆記本
安曇在現金製造機的旁邊多畫了一張簡化的資產負債表。
固定資產就是現金製造機。
現金製造機
B/S
現金
流動資產
固定資產
現金
材料
在製品
產品
應收帳款
現金
庫存與應收帳款等流動資產，是所投入的現金變換成新現金之前的狀態。
圖上看來，資產負債表的左側是現金、現金製造機本身（固定資產），以及現金製造機的內部（流動資產）。
要讓現金製造機動起來，需要現金，像是員工薪資、電費、維修費、工具購置費等等。
要注意的是，現金製造機愈大，或是性能愈糟，會耗費更多維修費用。

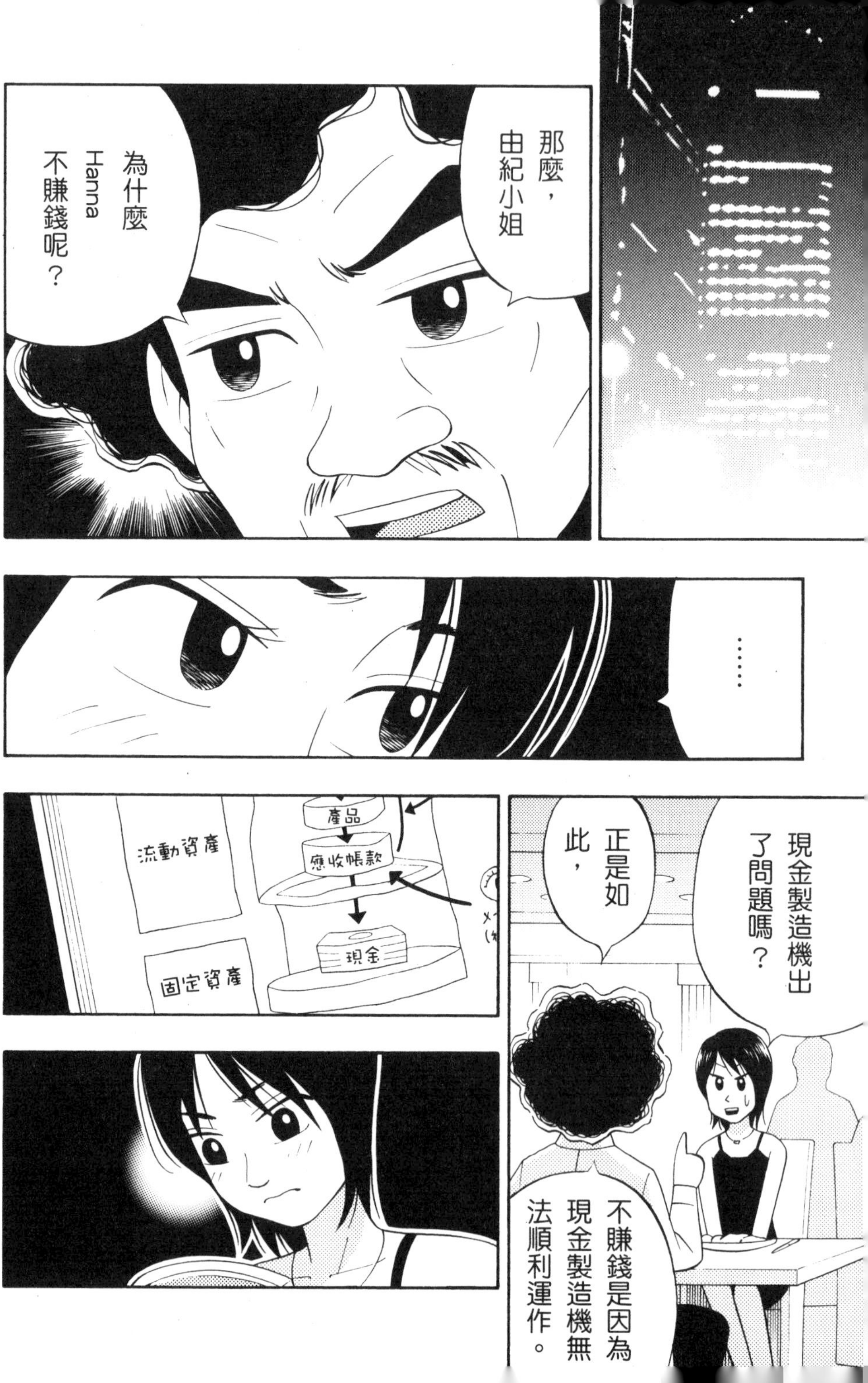
那麼，由紀小姐
為什麼Hanna不賺錢呢？
……
現金製造機出了問題嗎？
正是如此，
不賺錢是因為現金製造機無法順利運作。
流動資產
固定資產
產品
應收帳款
現金

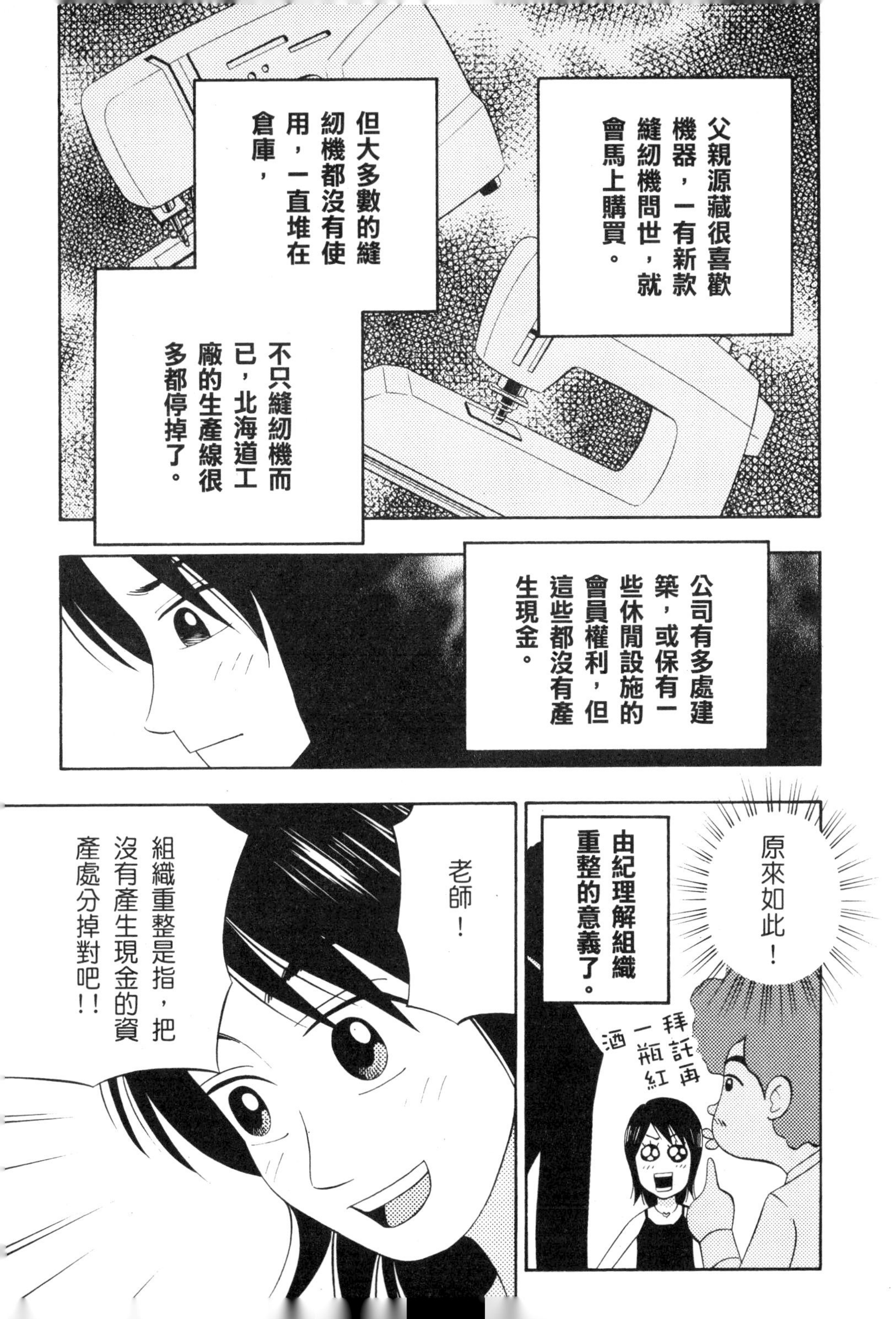

父親源藏很喜歡機器，一有新款縫紉機問世，就會馬上購買。
但大多數的縫紉機都沒有使用，一直堆在倉庫，
不只縫紉機而已，北海道工廠的生產線很多都停掉了。
公司有多處建築，或保有一些休閒設施的會員權利，但這些都沒有產生現金。
原來如此！
由紀理解組織重整的意義了。
拜託再一瓶紅酒
老師！
組織重整是指，把沒有產生現金的資產處分掉對吧!!

很好的答案。
在固定資產中，有些甚至生產不出維持自身存在所需要的現金。
這種固定資產光是保有，就是現金的浪費，因此要優先處分，換現才是上策。
是!!
接著，來看看現金製造機的內部（變成現金前的資產）吧。
現金製造機內部
材料
在製品
產品
應收帳款
……通常在這裡頭的流動資產都會很快流動，不會停滯。
但也會有長期停滯不動的庫存或應收帳款混雜其中。
這些項目經過再久時間都變不成現金，因此要強制予以處分，也就是讓它回到最初的現金模樣。

沒有使用的工廠建築或機器，
在倉庫裡堆積如山沒有使用的布料或拉鍊等附屬零件……
或是滯銷的產品等等，要處分、換現。
滯收的應收帳款要回收，
然後再把到手的現金用來償還銀行貸款。
易言之，就是要處分掉不產生現金的資產，
使之還原為原本現金的樣子，這是組織重整的第一步。
點頭
試著想像一下瘦身後的Hanna，
應該會變成不同於現在的另一種樣子唷。
由紀好好地寫下了安曇的話。
寫～
寫～
汗～
汗～

資產負債表左右兩側的關係

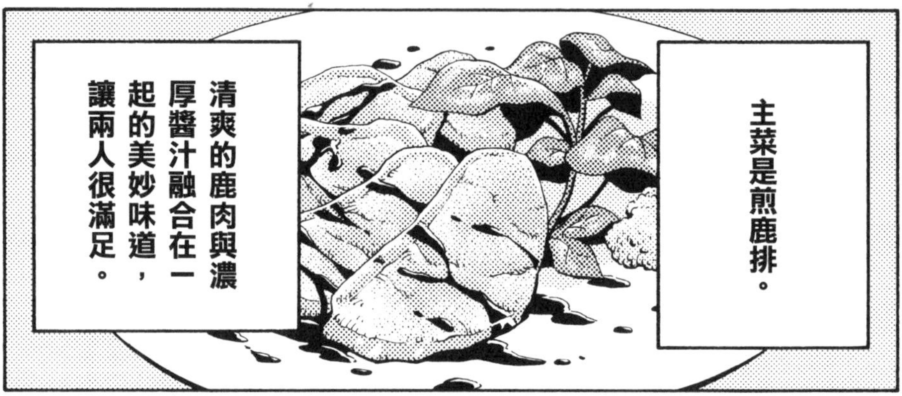
主菜是煎鹿排。
清爽的鹿肉與濃厚醬汁融合在一起的美妙味道，讓兩人很滿足。

——才剛這麼覺得，安曇馬上又在由紀的筆記本上畫起圖來了。
振筆疾書
好快!!

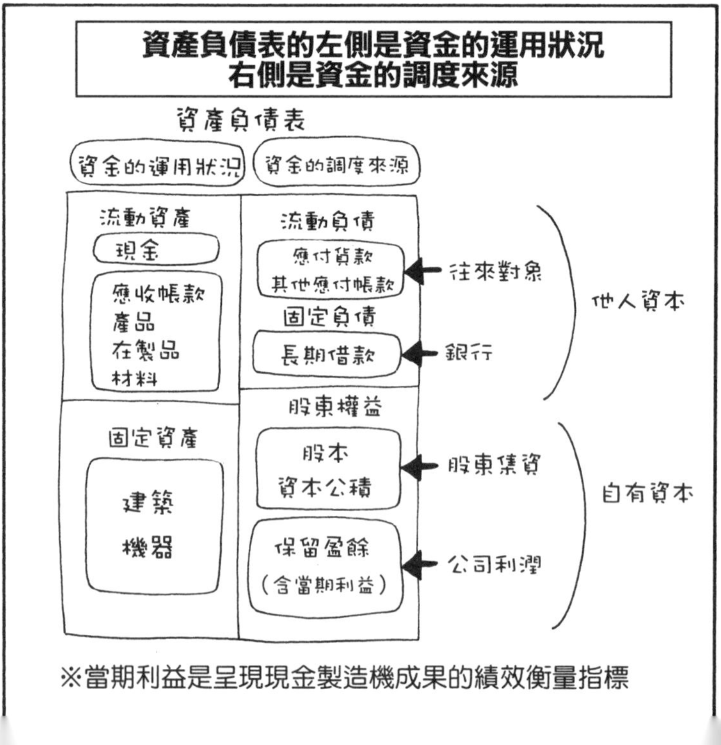
資產負債表的左側是資金的運用狀況
右側是資金的調度來源
資產負債表
資金的運用狀況
資金的調度來源
流動資產
現金
應收帳款
產品
在製品
材料
固定資產
建築
機器
流動負債
應付貨款
其他應付帳款
固定負債
長期借款
股東權益
股本
資本公積
保留盈餘
（含當期利益）
往來對象
銀行
股東集資
公司利潤
他人資本
自有資本
※當期利益是呈現現金製造機成果的績效衡量指標

至今講的是資產負債表的左側，接著來看右側。
……這裡呈現的是資金（成為本金的現金）從何調度而來。
調度來源包括往來業者、銀行、股東、公司利潤等四項。
資產負債表
安曇老師，等一下，
我沒法全部記住，讓我做個筆記吧。
……妳聽好，來自往來業者的資金稱為應付貨款，
來自銀行的資金是借款。
二者遲早都必須償還，因此稱為「他人資本」。
寫～
寫～

……集自股東的資金來源有股本與資本公債，
公司的利潤就是保留盈餘。
這些是公司自己的，因此稱為「自有資本」。
Hanna的資產負債表
……我記得是……
Hanna的資金大多是銀行借款，
有償還本金的義務，而且還有利息……
HANNA
所以，借款投資時，固定資產（現金製造機）如果無法產生新的現金，經營就無法順利運作!!
噗!!
我略為了解Hanna的經營出問題的原因所在了。
我也是很厲害的

績效衡量指標
(performance meter)

還有一個重要的【隱藏畫】要告訴由紀小姐。
在筆記上所畫的資產負債表最右下方，
藏有一個顯示現金製造機成果的「績效衡量指標」。
純資產
股本
資本公積
保留盈餘
（含當期利益）
績效衡量指標
固定
績效衡量指標？
！

仔細一看，
現金在左側，利潤在右側。
資金的運用狀況
資金的調度來源
流動資產
現金
應收帳款
產品
在製品
材料
固定資產
建築
機器
流動負債
應付貨款
其他應付帳款
固定負債
長期借款
股東權益
股本
資本公積
保留盈餘
（含當期利益）
也就是說，現金和利潤是兩回事……
？
不行了，我又混亂起來了！
並不因為利潤增加多少，現金就同樣增加那麼多。
要想成為真正的經營者，妳必須好好了解二者的不同。
細節就下次在壽司店再說吧。
喝～
喝～
脫力～
脫力～

第3章

鮪魚大肚肉為何不賺錢？〈前篇〉

千馱木的壽司店

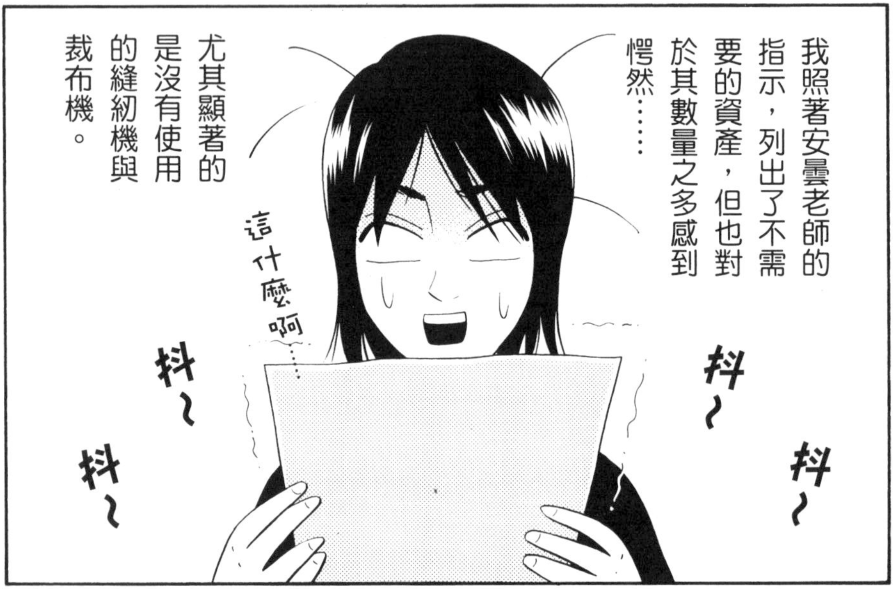
我照著安曇老師的指示，列出了不需要的資產，但也對於其數量之多感到愕然……
這什麼啊……
抖~
抖~
抖~
抖~
尤其顯著的是沒有使用的縫紉機與裁布機。

其中問題最大的是北海道工廠……
那裡賺的甚至不夠支付員工薪資。

至今為止之所以任之虧損也要繼續運轉下去的原因是，父親源藏對於故鄉北海道的情感……
超愛北海道♡
奸笑

我才不管那種事!!
總之，不能讓它再繼續運轉下去。
處分萬歲
為員工福利而購買的高球場或住宿會員證，也全都列到處分清單上了。
一年以上沒有動用的材料或產品庫存，全都是處分對象!!
這些如果全都換成現金，付掉北海道工廠員工的退職金後，應該也還有相當金額可以拿來還債!
毫無疑問，組織重整的效果將會明顯呈現!!
——今天的討論地點，
江戸前
寿司
是位於文京區舊社區的老牌壽司店。

安曇老師！
我不客氣地享用了！！
塞～
塞～
塞～
？
ㄊㄖ
ㄊㄖ
ㄊㄖ
由……由紀小姐？妳吃這麼快，太可惜了吧。
安曇老師，這壽司好好吃唷～……
哈哈……那太好了。
消沉——
欸？！
唉……

我了解的……我確實是經營的外行人，
但根本沒必要講得那麼露骨啊……
啊……又有人罵她了吧。
社長……
這個月應該會有久違的利潤，但由於付款用資金不足，我想向銀行貸款。
會計部主任
齊藤隆造
啊？
要貸款，社長
貸款？齊藤先生
既然有利潤，資金周轉不是應該變好了嗎？

社長!!
咚!
拜託妳多學一些會計!!
算我求妳
嚇到
唉!!
咬碎~
咬碎~
齊藤先生把我當小孩看待。
塞~
塞~
……
……不過齊藤先生說的倒也沒錯。
之前我稍微提到過，利潤和現金的有無是兩碼子事。
拜託教我這件事，安曇老師！
砰！
啊……不要糟塌難得的好酒。
寿司

……由紀小姐
妳覺得鮪魚大肚肉的握壽司賺錢嗎？
？
……
鮪魚大肚肉
一個五百圓以上，因此我覺得不可能不賺才是……
從結論來說，不賺！
欸?!
雖然一個的利潤很高，但一樣不賺。
？
？
？
單價高的鮪魚大肚肉如果銷售良好，利潤應該會增加，怎麼會不賺？

作家池波正太郎曾說：
「不可以因為好吃，就一直只點鮪魚大肚肉……」
鮪魚大肚肉等於是店家半買半送，而且數量也有限，
真正的美食通，也會顧慮到壽司店的其他客人，而盡量節制。
這……這是那些美食通的理論不是嗎？
不……
在會計理論上，這也是對的。
給妳一點提示吧。
鰶魚會賺錢，但鮪魚大肚肉不會賺錢。
請把這家壽司店整個當成現金製造機重新思考看看。
—「賺錢」—

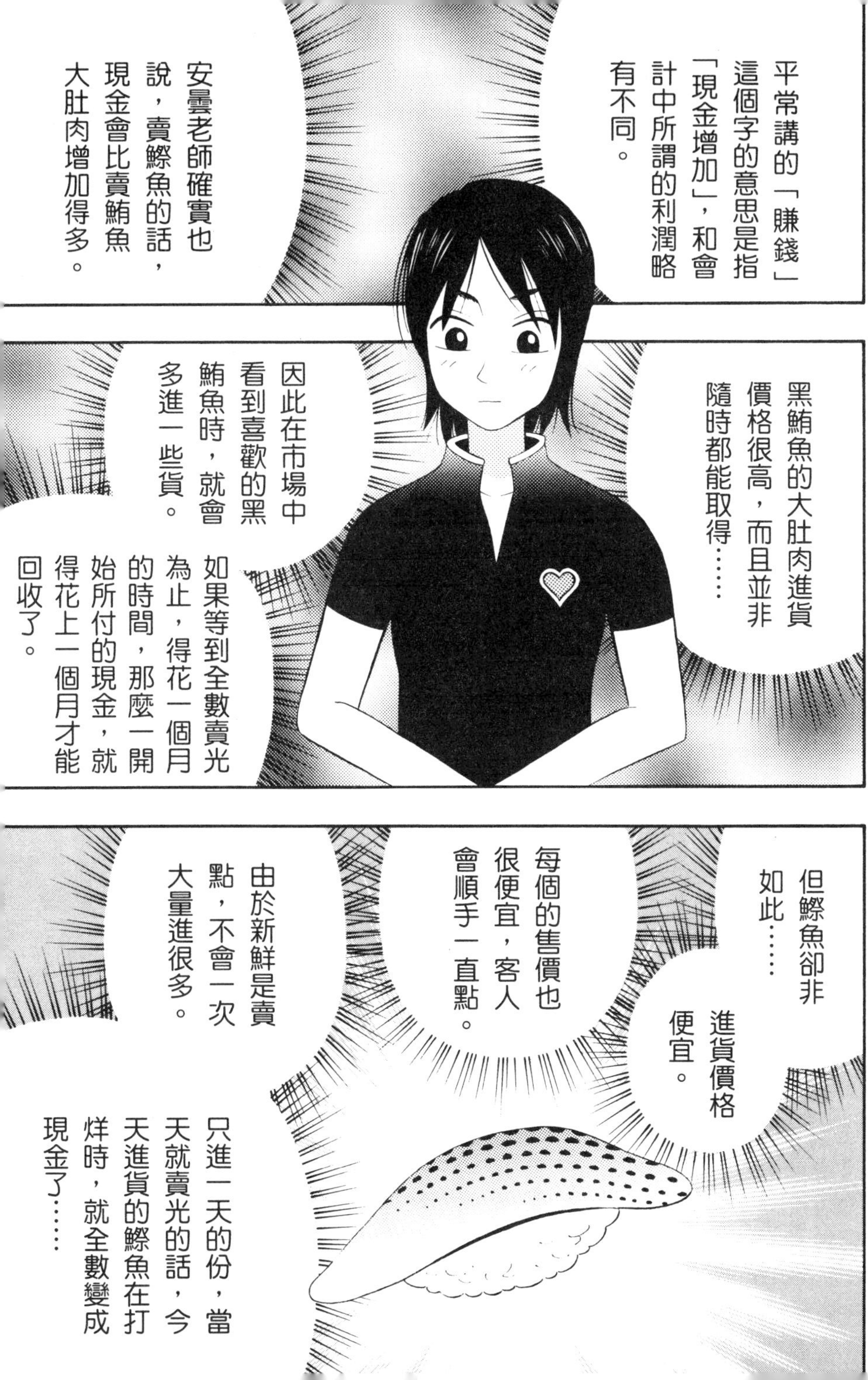
平常講的「賺錢」這個字的意思是指「現金增加」，和會計中所謂的利潤略有不同。
安曇老師確實也說，賣鰶魚的話，現金會比賣鮪魚大肚肉增加得多。
黑鮪魚的大肚肉進貨價格很高，而且並非隨時都能取得……
因此在市場中看到喜歡的黑鮪魚時，就會多進一些貨。
如果等到全數賣光為止，得花一個月的時間，那麼一開始所付的現金，就得花上一個月才能回收了。
但鰶魚卻非如此……
進貨價格便宜。
每個的售價也很便宜，客人會順手一直點。
由於新鮮是賣點，不會一次大量進很多。
只進一天的份，當天就賣光的話，今天進貨的鰶魚在打烊時，就全數變成現金了……

也就是說!!
庫存時間長短不同!!
由紀向安曇説明了自己的想法♡
要考量的是利潤與資金量。
確實，每個的利潤是鮪魚大肚肉比較多，因此會給人一種它比鰶魚還賺的錯覺。
但一旦著眼於資金量，鰶魚就比較有利了……
鼓掌 鼓掌
太好——了～
鼓掌
最重要的是用於進貨的資金，再度轉換為現金為止的時間。
哼!

鰶魚比鮪魚大肚肉要短多了……就像妳說的，一天就能換現。
因此，鰶魚只要較少的資金周轉就能賺到許多現金。
由紀筆記本
寫
寫
然而鮪魚大肚肉到賣光為止得花上一個月，因此資金在這期間都卡住了。
塞～
嗯～這鰶魚真是太好吃了呢♪
壽司
老師！我可以吃鮪魚大肚肉嗎？
忐忑
忐忑

……接著再以數字說明。
一天一百隻五千圓
鰶魚
當天
賣光
這家壽司店每天以五千圓買進一百隻鰶魚，當天全數賣光。
相對的，黑鮪魚的大肚肉每月以五萬圓買進十公斤，
假設在進貨後二十五天內賣光（每個50克×一天賣8個×25天＝10公斤）
每月一次，十公斤五萬圓
鮪魚
二十五天
賣光
一開始的所需資金，鰶魚是五千圓，黑鮪魚是五萬圓。
但一個月的期間內所能賺到的現金就大不相同了。
例如，鰶魚如果以一百圓（成本五十圓）來賣的話，一個月後，最初的五千圓現金會膨脹成為十二萬五千圓（一天賺五千圓×25天）。
鮪魚大肚肉在一個月內以每個五百圓（成本兩百五十圓）銷售的話，增加的現金不過是五萬圓（一天賺兩千圓×25天）而已。
騙人?!
驚
震
但實際計算，確實是這樣!!

我們以累計的滯留資金量來看吧。

用於購買鰶魚的五千圓資金，一天就能回收，滯留資金只有十二萬五千圓（五千圓×25天）。

安曇教授的說明

利潤的比較

		每個的利潤	一個月（二十五天）的利潤
鰶魚		售價　成本 100圓－50圓＝50圓	一天100個×25天=2,500個 50圓×2,500個＝12萬5千圓
大肚肉		售價　成本 500圓－250圓＝250圓	一天8個×25天＝200個 250圓×200個＝5萬圓
差距		**大肚肉多200圓**	**鰶魚多7萬5千圓！**

資金量的比較

		進貨資金	回收所需天數	每月累計滯留資金量
鰶魚		5,000圓	1天	5千圓×25天＝12萬5千圓 5千圓 1天　25天
大肚肉		50,000圓	25天	5萬圓×25天×1/2 = 62萬5千圓 5萬圓 1天　25天
差距		—	—	**大肚肉的滯留資金量是鰶魚的五倍**

然而，到鮪魚大肚肉全數賣光為止，累計有六十二萬五千圓（五萬圓×25天÷2）的資金滯留。

也就是說，以較少資金達成高迴轉率的鰶魚，可以說在經營上壓倒性地有利。

Hanna 的經營狀況是……
現在正準備推出新款式，因此從半年前開始就大量採購布料與附屬品當成庫存……
累計資金量隨便就破十億圓。
HANNA
這樣的話，現金會不夠也是理所當然的。
Hanna 的經營也需要像鰶魚一樣加快現金周轉速度!!
「減少庫存」
也就是以較少的資金量（現金）做生意。
閃～
由紀小姐
是！

顛覆大肚肉不賺錢這種常識的，是迴轉壽司唷。
迴轉壽司!?
怎……怎麼一回事呢？
即使是黑鮪魚的大肚肉，只要確保了進貨管道，客人也不斷吃掉的話，周轉速度會加快。
回転寿司
一隻達一百萬圓的黑鮪魚若能在一天內賣光，資金的滯留期間就像鰶魚一樣是一天而已。
因此，即使賣得略為便宜，大肚肉的握壽司仍會變成賺錢商品。
這就是迴轉壽司賺錢的秘密。
能……能夠理解。
迴轉壽司真是可怕！

第3章

鮪魚大肚肉
為何不賺錢？〈後篇〉

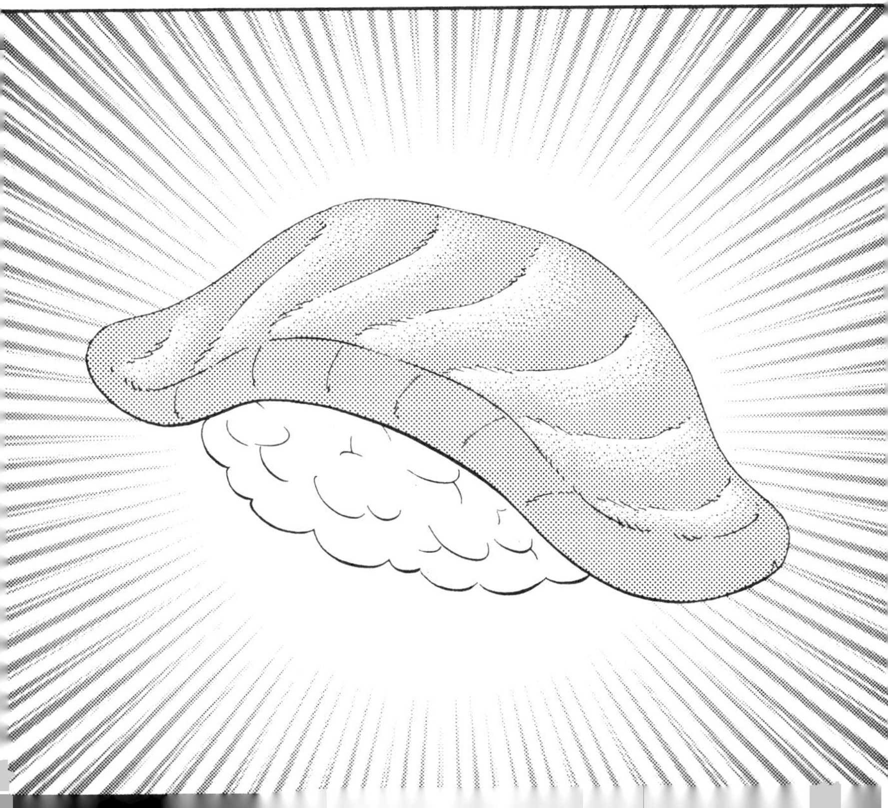

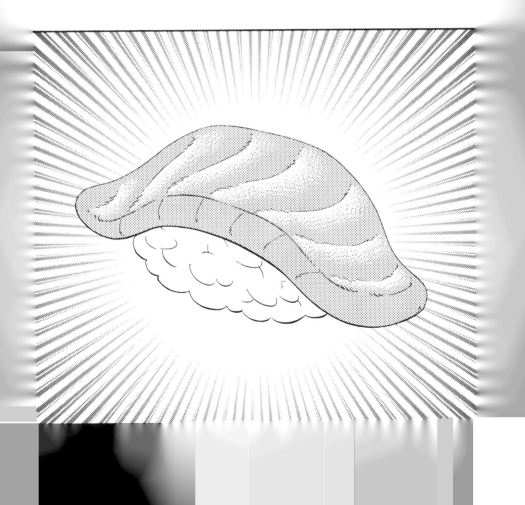

深夜營業的超市之所以增加的原因

再舉一個例子。
最近，在上班族很多的住宅區，深夜營業的超市漸漸變多了……
那是為什麼呢？
DIAN

……和便利商店間……的競爭嗎…？
那也是原因之一，但我希望妳以會計的觀點回答。
……提示是，住宅區即使到了晚上也有需求，還有，商品是現金的另一種模樣。

……夜晚也有需求的住宅區……
商品是現金的……
另一種模樣……
這麼說來，有時候可以在即將打烊的超市裡以半價買到生鮮食材……

即將打烊的超市為減少賣剩的商品，會不斷降價以求賣光。
半價
但最近超市延長營業時間後，降價品就減少了。
營業時間
白天 8:00
深夜 1:00
營業時間
白天 8:00
深夜 4:00
因為，夜歸的人，會以原價購買……
結果，降價品與丟棄品都減少了……
如果如安曇老師所言，把商品想成是現金的另一個樣子，
再一杯熱酒
那麼丟掉商品，不折不扣就是丟掉現金了。
我的答案是
因為，在那些有很多夜歸上班族的區域，深夜營業可以促使現金流量的增加!!
捶
噴
噗
妳答對了，但是好燙!!!
對、對不起!!

為何庫存會增加？

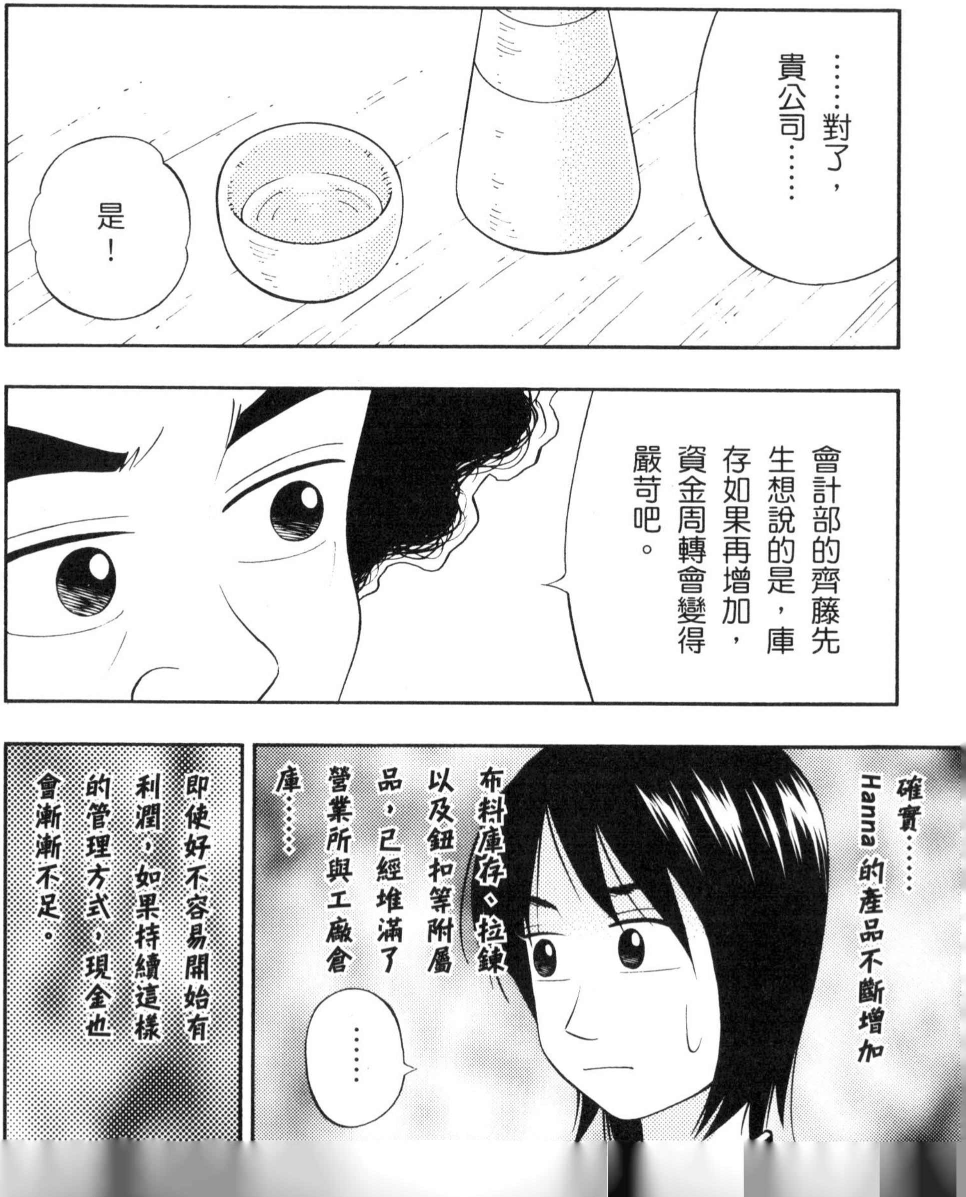
……對了，貴公司……
是！
會計部的齊藤先生想說的是，庫存如果再增加，資金周轉會變得嚴苛吧。
確實……Hanna的產品不斷增加
布料庫存、拉鍊以及鈕扣等附屬品，已經堆滿了營業所與工廠倉庫……
……
即使好不容易開始有利潤，如果持續這樣的管理方式，現金也會漸漸不足。

老師
為何Hanna的庫存不知不覺就變多了？
……為什麼這家壽司店的庫存很少呢？
Hanna的狀況，我等下再說明，
但壽司店方面的話，是因為他們不進多餘的貨。
不進
多餘的貨……
壽司店會根據經驗，能賣多少就進多少材料，
因此（鮪魚大肚肉當成例外）壽司店沒有長期庫存。
這一點，過去當過設計師的由紀很了解。
106
……尤其是年輕女性的消費行為很敏感、很難掌握……

即使是自信十足的作品，完全不賣而直接被送到拍賣會場去的，也並不少見。
清倉拍賣
原因在於，一到新裝發表會季節，設計師們就會徹夜設計新產品，
但再怎麼努力推出，不知為何就是滯銷。
因此，出於一種「至少要有一款暢銷商品」的心情，增加了產品的種類。
結果，賣剩的產品庫存不斷增加。
HANNA
總覺得資金變得難以周轉的原因好像就在這裡。
江戸前
寿司

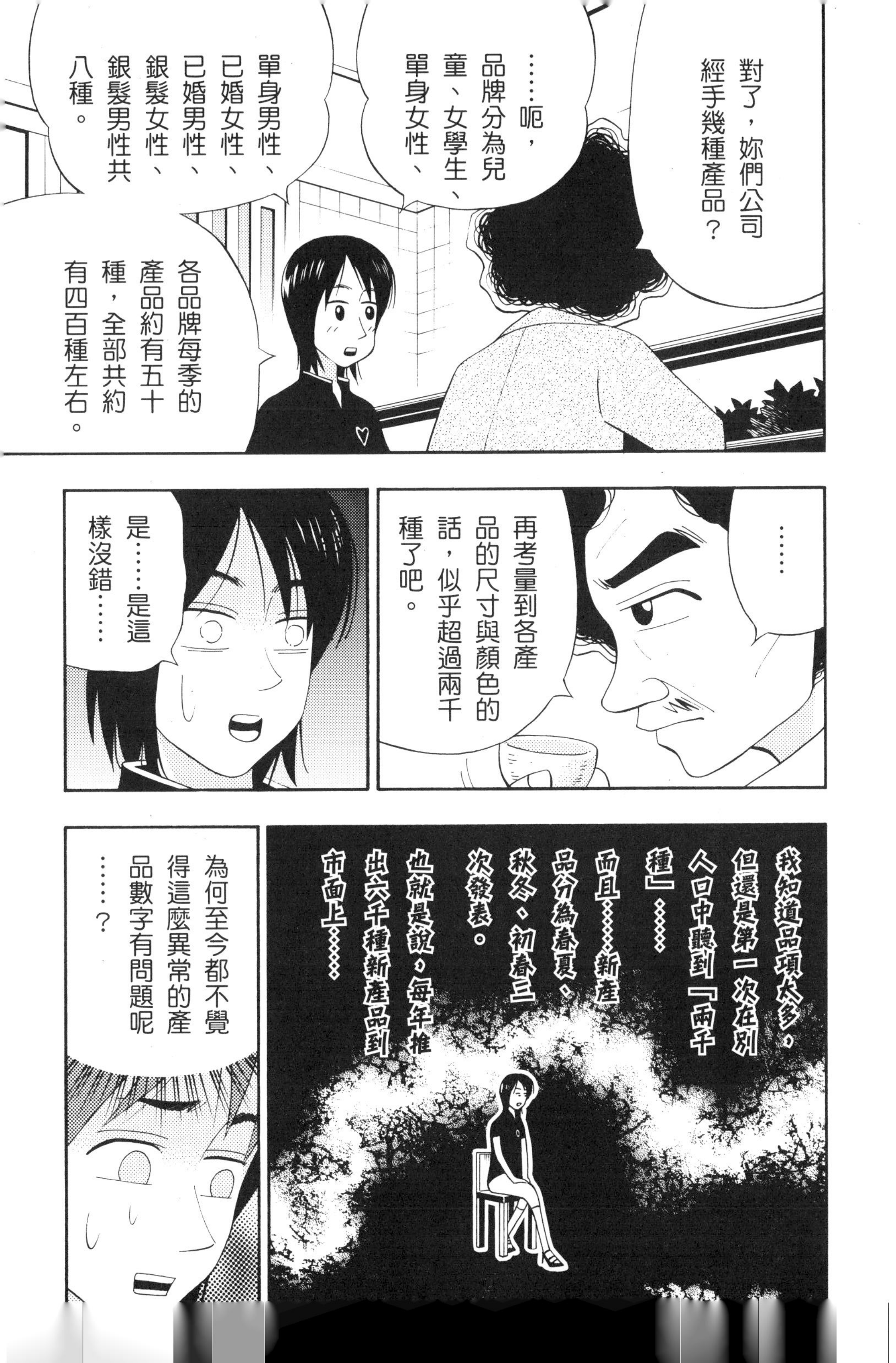
對了，妳們公司經手幾種產品？
……呃，品牌分為兒童、女學生、單身女性、
單身男性、已婚女性、已婚男性、銀髮女性、銀髮男性共八種。
各品牌每季的產品約有五十種，全部共約有四百種左右。
……
再考量到各產品的尺寸與顏色的話，似乎超過兩千種了吧。
是……是這樣沒錯……
我知道品項太多，但還是第一次在別人口中聽到『兩千種』……
而且……新產品分為春夏、秋冬、初春三次發表。
也就是說，每年推出六千種新產品到市面上……
為何至今都不覺得這麼異常的產品數字有問題呢……？

……那個
這話由我來說有些奇怪……
不過，為何會增加到這種地步呢？
……首先，妳們沒有鎖定顧客的需求，
所以才會以瞎矇的方式增加品項也增加品牌。
很容易理解
這樣的話，產品庫存當然增加，資金周轉也會惡化……
安曇老師，
我要縮減品牌和品項！
算妳聰明。
這樣的話，庫存也會減少。

現金流量表

之前，我說過會計帶有主觀在內對吧。
是
也就是說，資產負債表與損益表是「公司的觀點」。
公司的觀點
……這句箴言還有後續
「但現金就是事實」，也就是現金不會說謊的意思……
不過，還有一個問題
現金無法上色。
？
幫現金上色？

比如像這樣……
假設Hanna在銀行有用之不盡的存款，妳會把這筆錢拿來做什麼？
嗯……拿來買設計用的高性能PC、培育年輕設計師，以及積極做公關活動！
還有就是希望在巴黎和米蘭開直營店！
可是，如果那筆存款全部都是向銀行貸來的呢？
就會犯下和我父親同樣的錯誤了。
沒錯！
因此，接著要來思考一下公司現金（包括存款在內）的內涵。
首先，是買賣賺來的現金，

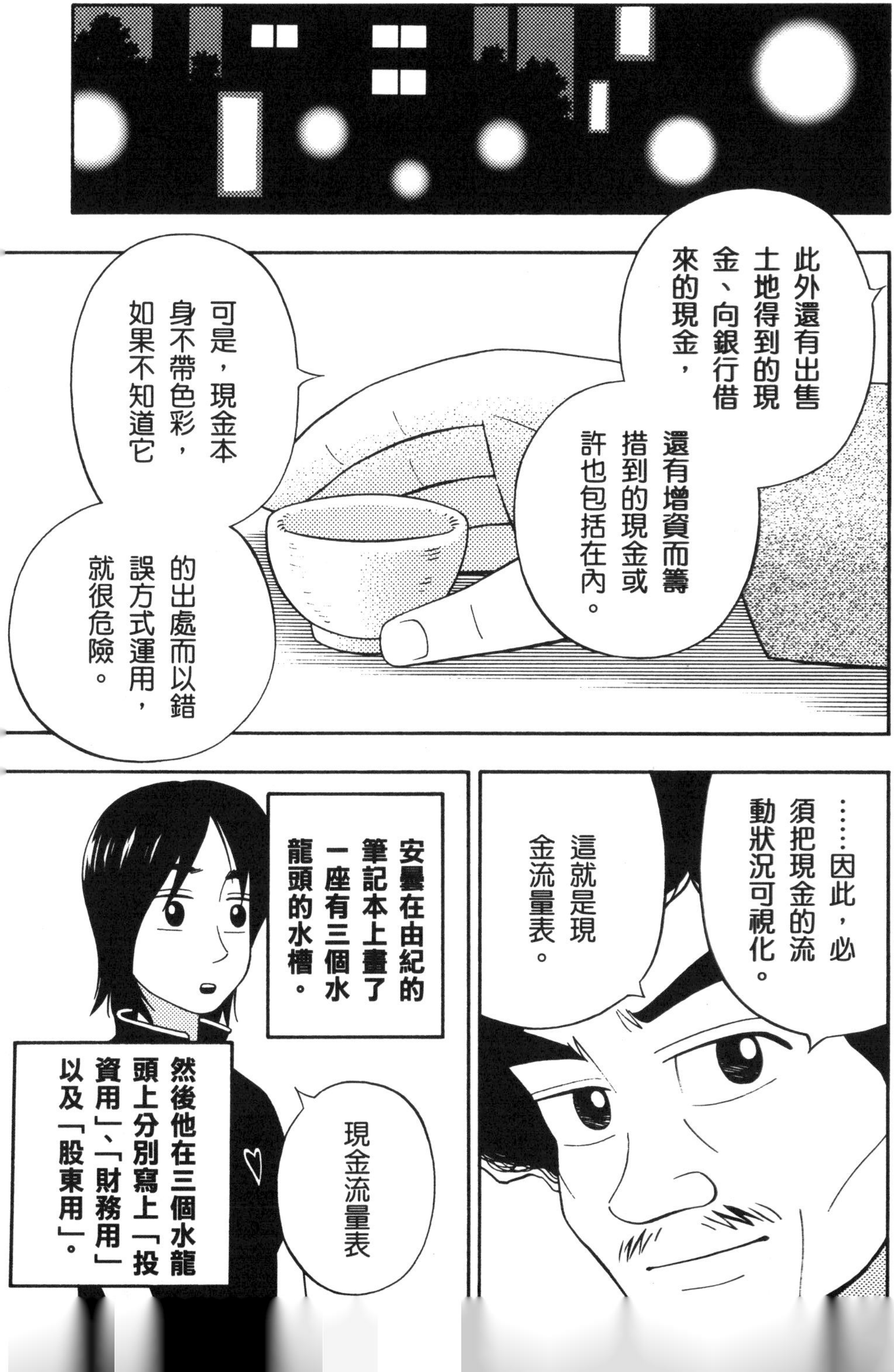
此外還有出售土地得到的現金、向銀行借來的現金，
還有增資而籌措到的現金或許也包括在內。
可是，現金本身不帶色彩，如果不知道它的出處而以錯誤方式運用，就很危險。
……因此，必須把現金的流動狀況可視化。
這就是現金流量表。
安曇在由紀的筆記本上畫了一座有三個水龍頭的水槽。
現金流量表
然後他在三個水龍頭上分別寫上「投資用」、「財務用」以及「股東用」。

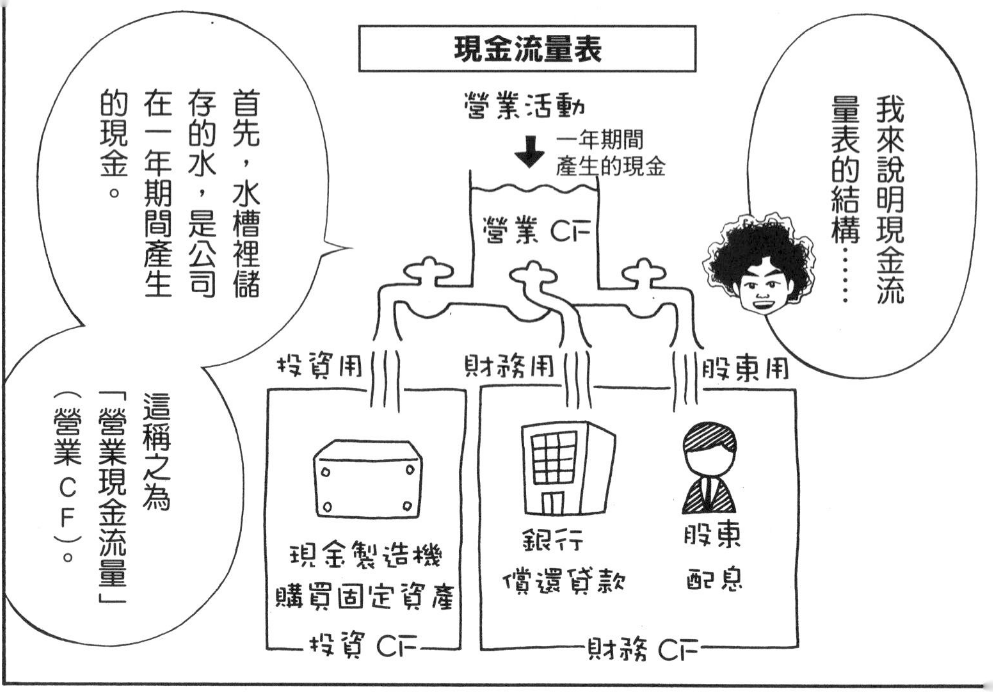
我來說明現金流量表的結構……
現金流量表
營業活動
一年期間產生的現金
營業CF
投資用
財務用
股東用
現金製造機
購買固定資產
銀行
償還貸款
股東
配息
投資CF
財務CF
首先，水槽裡儲存的水，是公司在一年期間產生的現金。
這稱之為「營業現金流量」（營業CF）。

經營者的工作，是要讓水槽裡的水盡可能增加。
增加～
（水）
增加～
然後，儲存下來的水有三種用法。

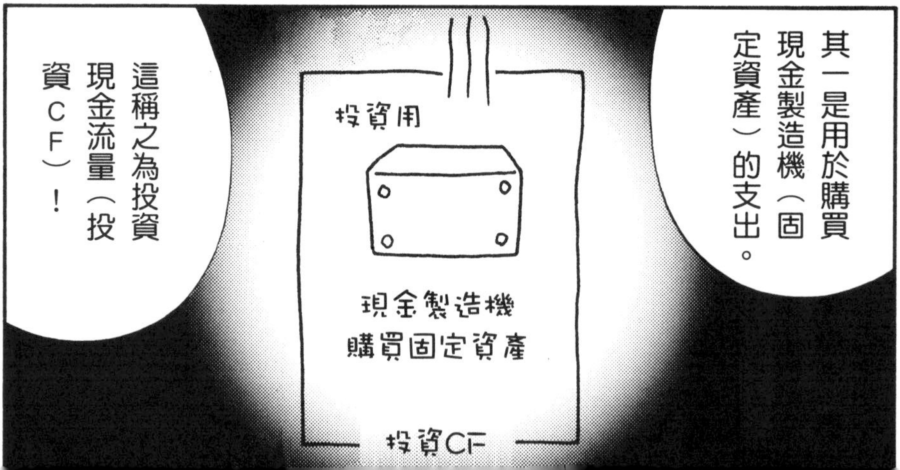
其一是用於購買現金製造機（固定資產）的支出。
投資用
現金製造機
購買固定資產
投資CF
這稱之為投資現金流量（投資CF）！

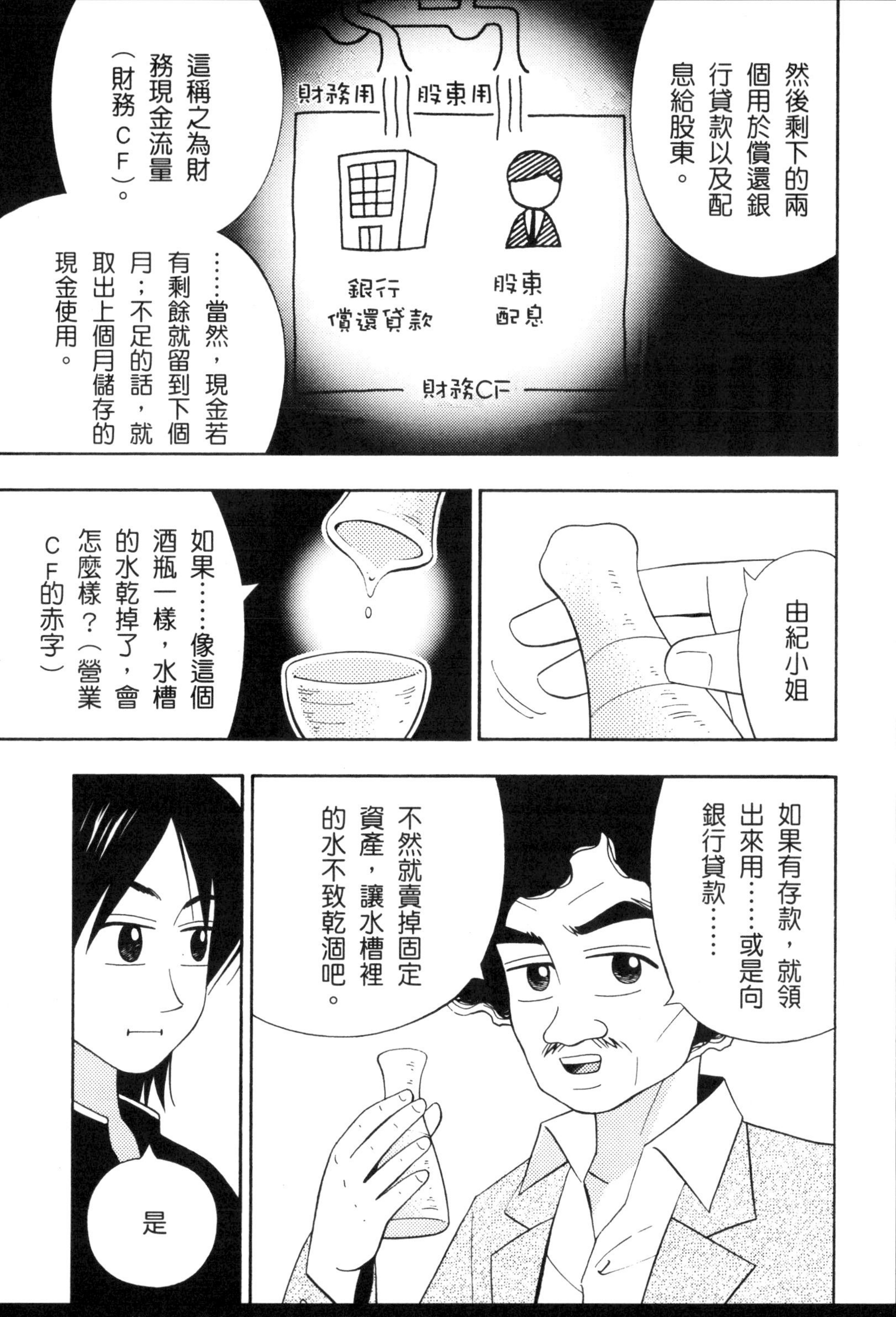

然後剩下的兩個用於償還銀行貸款以及配息給股東。
財務用
股東用
股東
配息
銀行
償還貸款
財務CF
這稱之為財務現金流量（財務ＣＦ）。
……當然，現金若有剩餘就留到下個月；不足的話，就取出上個月儲存的現金使用。
由紀小姐
如果……像這個酒瓶一樣，水槽的水乾掉了，會怎麼樣？（營業ＣＦ的赤字）
如果有存款，就領出來用……或是向銀行貸款……
不然就賣掉固定資產，讓水槽裡的水不致乾涸吧。
是

把這種現金流量的變動匯整起來的表，就是現金流量表。
這張表裡會分別顯示營業ＣＦ、投資ＣＦ以及財務ＣＦ的收支，
只要看過現金流量表，就能得知公司的實際狀況。
營業活動
營業CF
投資用
財務用
股東用
現金製造機
購買固定資產
銀行
償還貸款
股東
配息
投資CF
財務CF
……
營業活動
營業CF
股東用
財務用
安曇老師說，只要一看現金流量表，就能一目瞭然知道
現金為何增加、為何減少……
但那是因為他是會計專家才看得出來……
像我這種外行人就沒辦法好好運用它了吧……

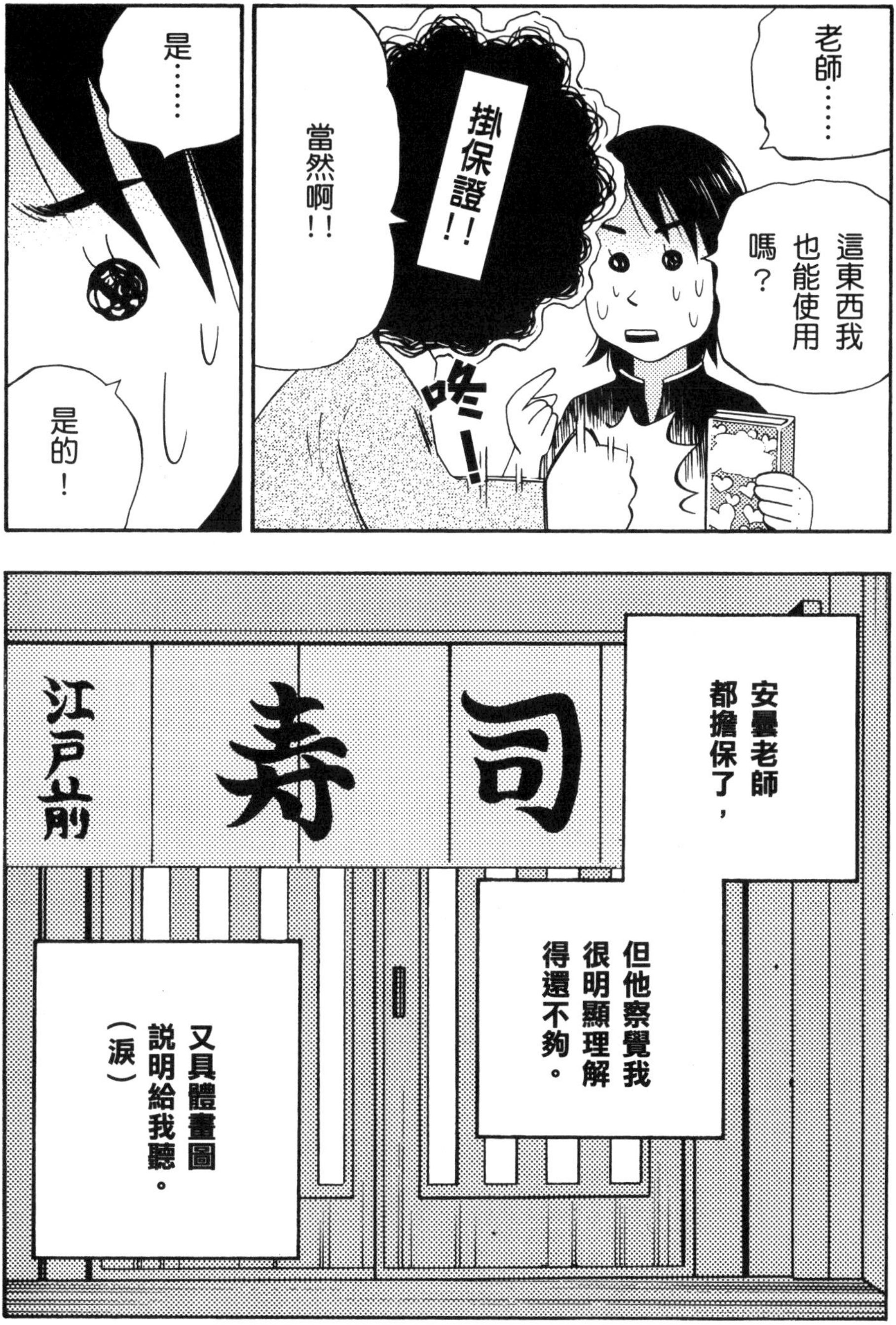
老師……
這東西我也能使用嗎？
掛保證！！
當然啊！！
咚！
是……
是的！
安曇老師都擔保了，
但他察覺我很明顯理解得還不夠。
寿司
江戸前
又具體畫圖說明給我聽。（淚）

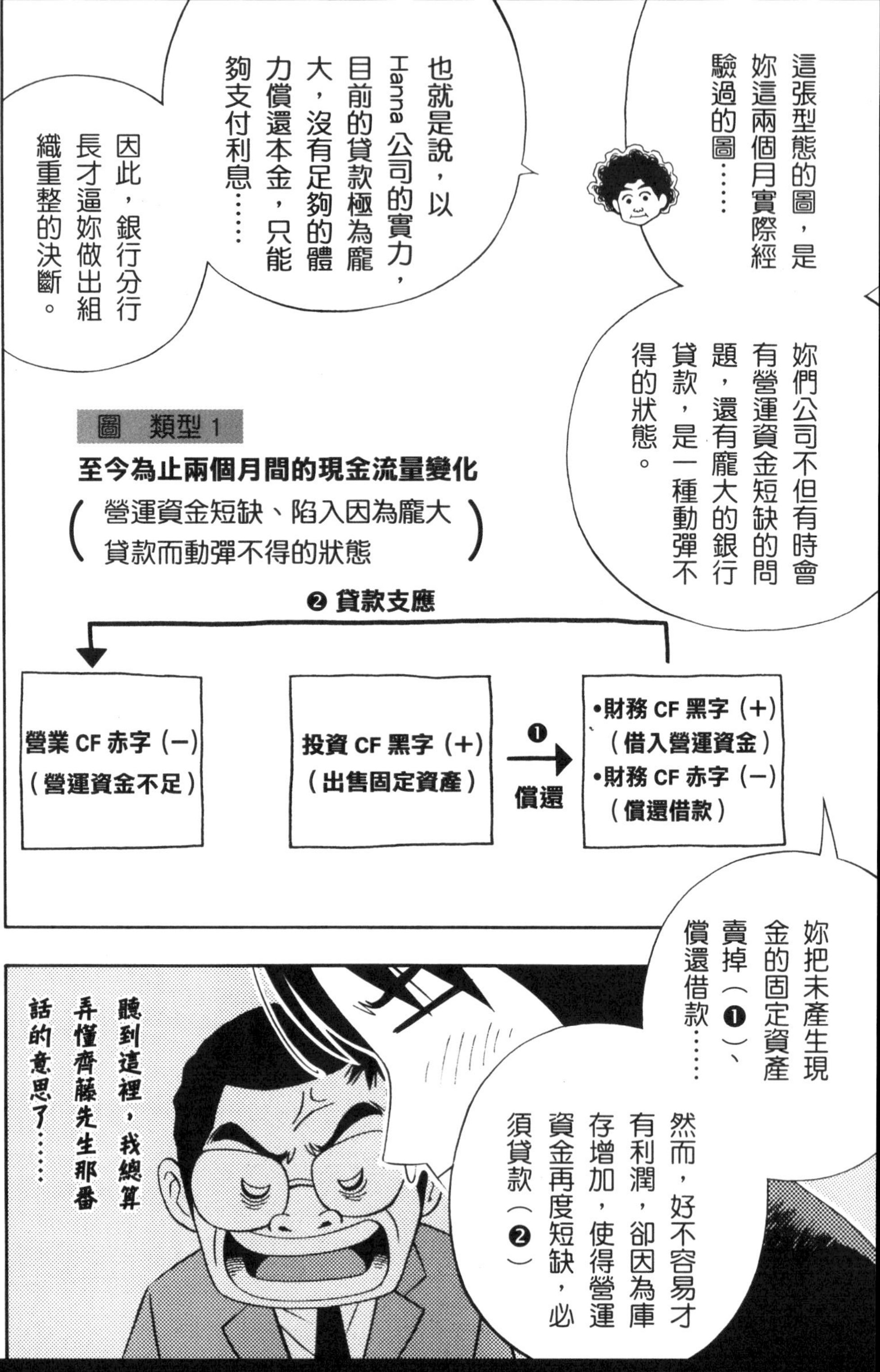
這張型態的圖，是妳這兩個月實際經驗過的圖……
妳們公司不但有時會有營運資金短缺的問題，還有龐大的銀行貸款，是一種動彈不得的狀態。
也就是說，以Hanna公司的實力，目前的貸款極為龐大，沒有足夠的體力償還本金，只能夠支付利息……
因此，銀行分行長才逼妳做出組織重整的決斷。
圖　類型1
至今為止兩個月間的現金流量變化
（營運資金短缺、陷入因為龐大貸款而動彈不得的狀態）
❷ 貸款支應
營業CF赤字（−）（營運資金不足）
投資CF黑字（+）（出售固定資產）
❶ 償還
•財務CF黑字（+）（借入營運資金）
•財務CF赤字（−）（償還借款）
妳把未產生現金的固定資產賣掉（❶）、償還借款……
然而，好不容易才有利潤，卻因為庫存增加，使得營運資金再度短缺，必須貸款（❷）
聽到這裡，我總算弄懂齊藤先生那番話的意思了……

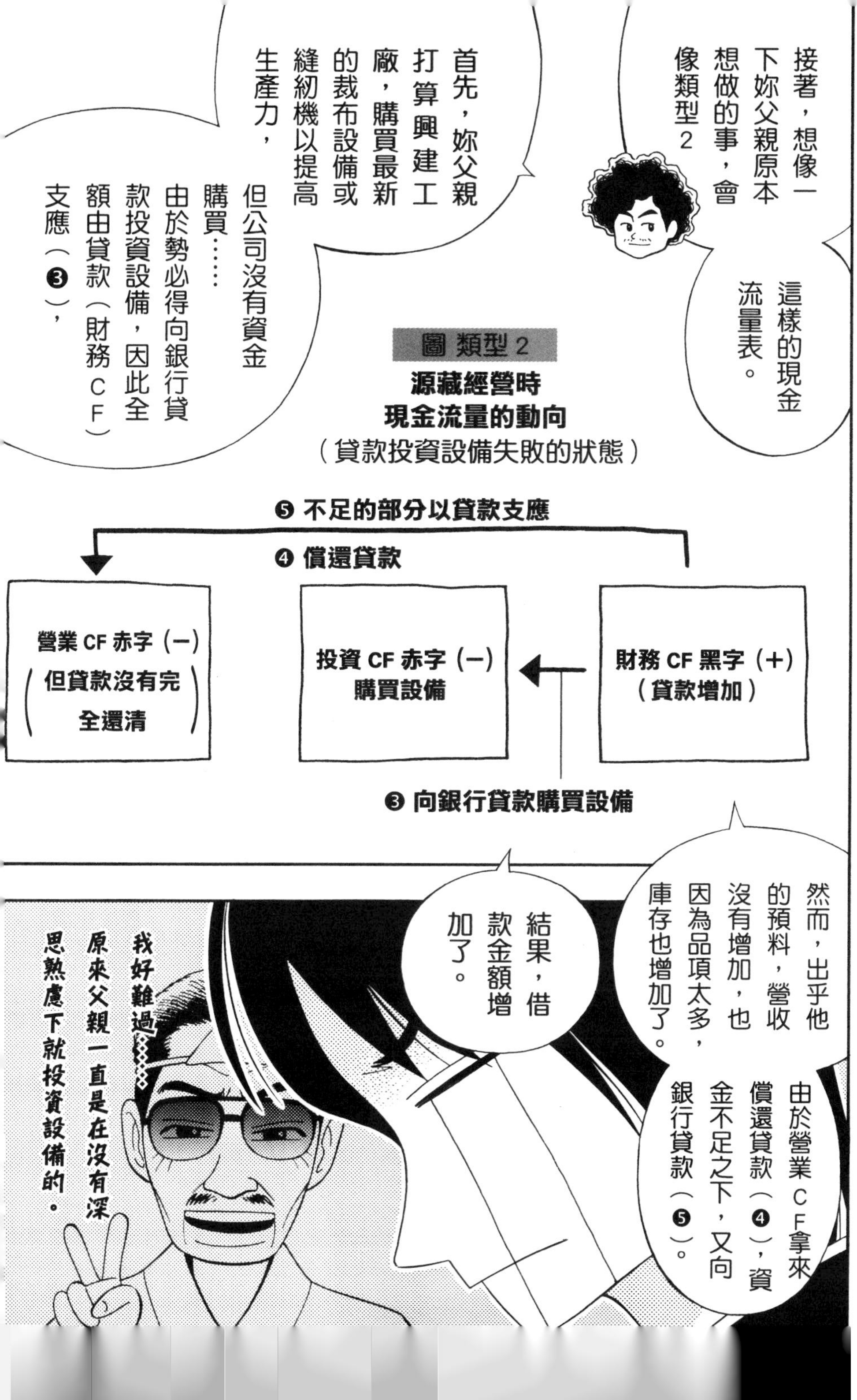

接著，想像一下妳父親原本想做的事，會像類型2
這樣的現金流量表。
首先，妳父親打算興建工廠，購買最新的裁布設備或縫紉機以提高生產力，
但公司沒有資金購買……由於勢必得向銀行貸款投資設備，因此全額由貸款（財務CF）支應（❸），
圖類型2
源藏經營時
現金流量的動向
（貸款投資設備失敗的狀態）
❺ 不足的部分以貸款支應
❹ 償還貸款
營業 CF 赤字（－）（但貸款沒有完全還清）
投資 CF 赤字（－）購買設備
財務 CF 黑字（＋）（貸款增加）
❸ 向銀行貸款購買設備
然而，出乎他的預料，營收沒有增加，也因為品項太多，庫存也增加了。
由於營業CF拿來償還貸款（❹），資金不足之下，又向銀行貸款（❺）。
結果，借款金額增加了。
我好難過
原來父親一直是在沒有深思熟慮下就投資設備的。

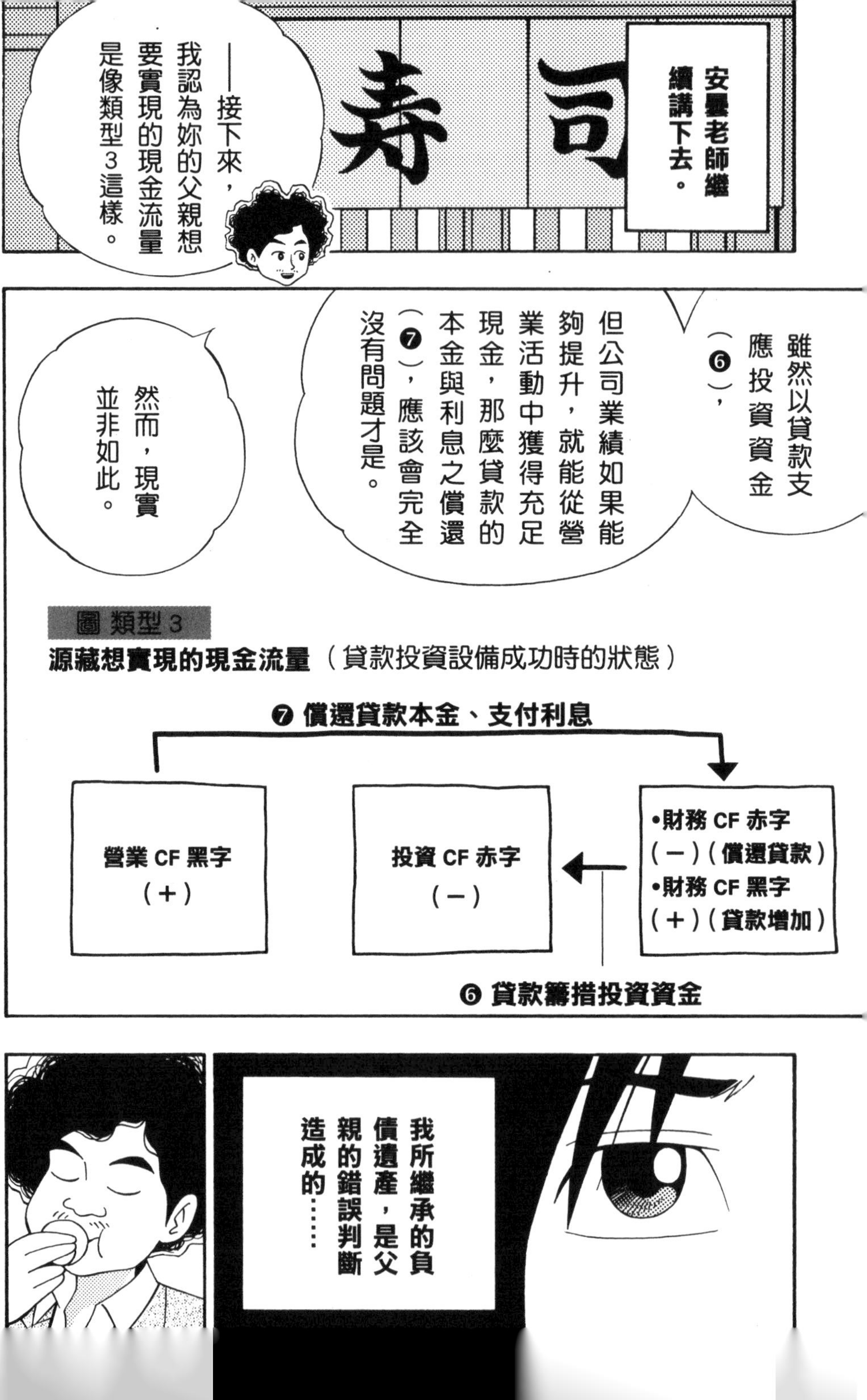
安曇老師繼續講下去。
——接下來，我認為妳的父親想要實現的現金流量是像類型3這樣。
雖然以貸款支應投資資金（❻），
但公司業績如果能夠提升，就能從營業活動中獲得充足現金，那麼貸款的本金與利息之償還（❼），應該會完全沒有問題才是。
然而，現實並非如此。
圖 類型3
源藏想實現的現金流量（貸款投資設備成功時的狀態）
❼ 償還貸款本金、支付利息
營業 CF 黑字（＋）
投資 CF 赤字（－）
•財務 CF 赤字（－）（償還貸款）
•財務 CF 黑字（＋）（貸款增加）
❻ 貸款籌措投資資金
我所繼承的負債遺產，是父親的錯誤判斷造成的……

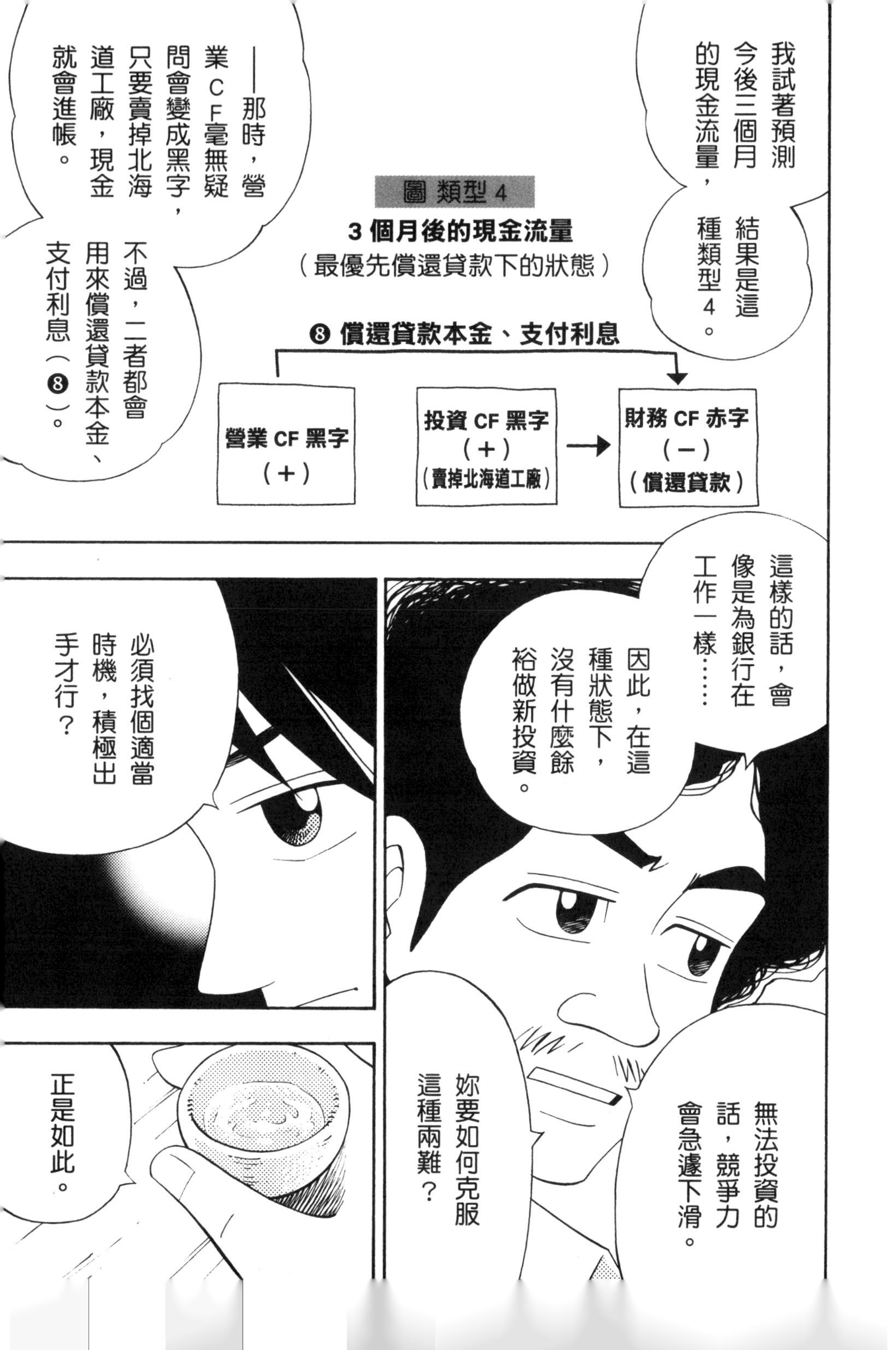
我試著預測今後三個月的現金流量，
結果是這種類型4。
圖類型4
3個月後的現金流量
（最優先償還貸款下的狀態）
❽ 償還貸款本金、支付利息
營業CF黑字（＋）
投資CF黑字（＋）（賣掉北海道工廠）
財務CF赤字（－）（償還貸款）
——那時，營業CF毫無疑問會變成黑字，只要賣掉北海道工廠，現金就會進帳。
不過，二者都會用來償還貸款本金、支付利息（❽）。
這樣的話，會像是為銀行在工作一樣……
因此，在這種狀態下，沒有什麼餘裕做新投資。
無法投資的話，競爭力會急遽下滑。
妳要如何克服這種兩難？
必須找個適當時機，積極出手才行？
正是如此。

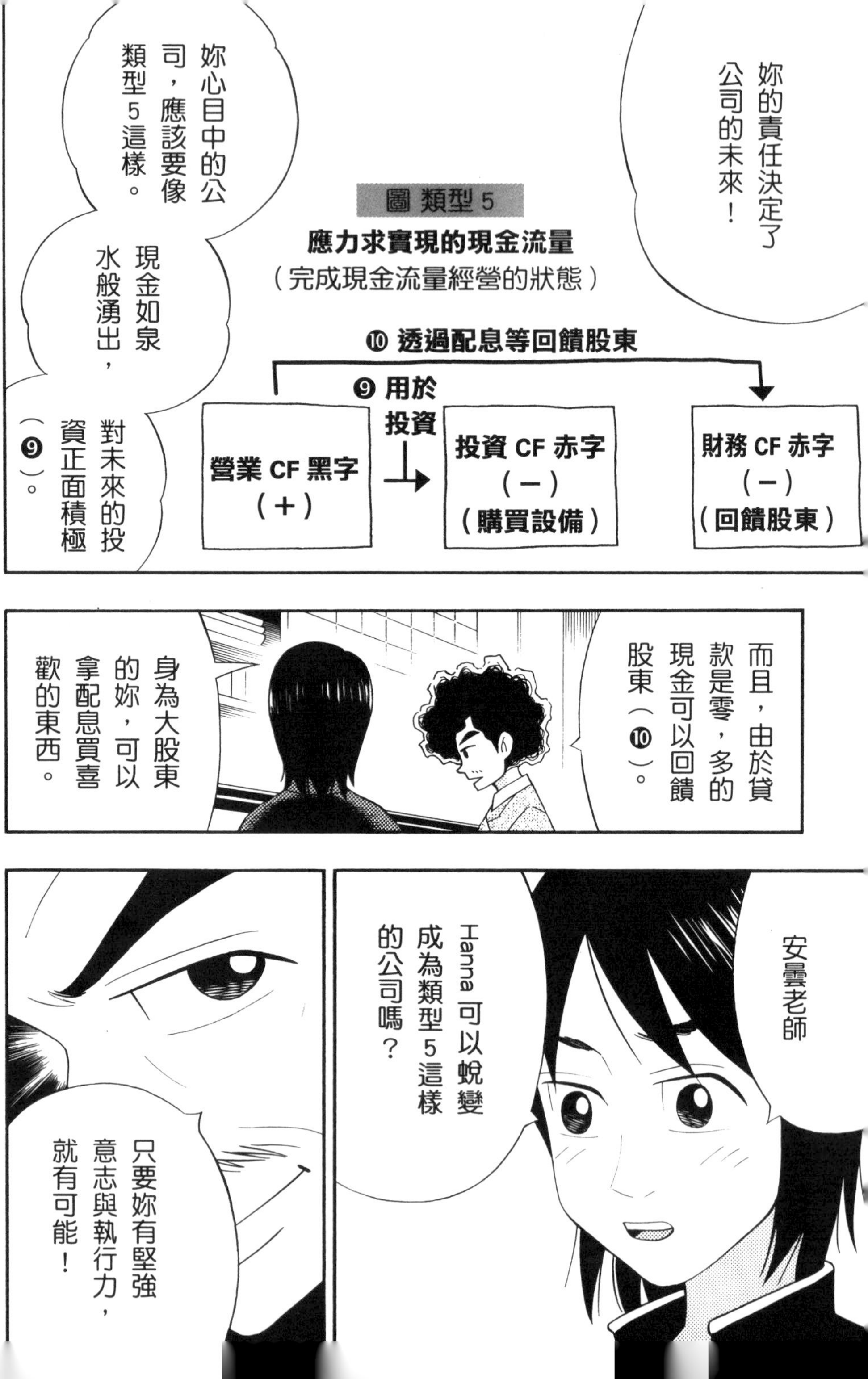
妳的責任決定了公司的未來！
圖 類型5
應力求實現的現金流量
（完成現金流量經營的狀態）
⑩ 透過配息等回饋股東
⑨ 用於投資
營業 CF 黑字（＋）
投資 CF 赤字（－）（購買設備）
財務 CF 赤字（－）（回饋股東）
妳心目中的公司，應該要像類型5這樣。
現金如泉水般湧出，
對未來的投資正面積極（⑨）。
而且，由於貸款是零，多的現金可以回饋股東（⑩）。
身為大股東的妳，可以拿配息買喜歡的東西。
安曇老師
Hanna可以蛻變成為類型5這樣的公司嗎？
只要妳有堅強意志與執行力，就有可能！

很好!!揮之不去的不安變成了希望!!
活力打從心底湧現了!!
熊熊燃燒
熊熊燃燒
不過，我還是沒有自信。
但我會挑戰看看!!!

……是因為這附近很多住宅區嗎……
明明才八點，一回神，客人就只剩下我們兩人了。
靜寂無聲～
對了安曇老師
我媽媽說下次要做飯請你吃。
哦！
真是讓人等不及呀。
現在才講好像有點晚，由紀小姐，要不要熱酒？
江戸前寿司
我超愛的！

第4章 考試不訂正的孩子成績差〈前篇〉

～經營計畫與每月決算的PDCA循環～

在自己家裡上課

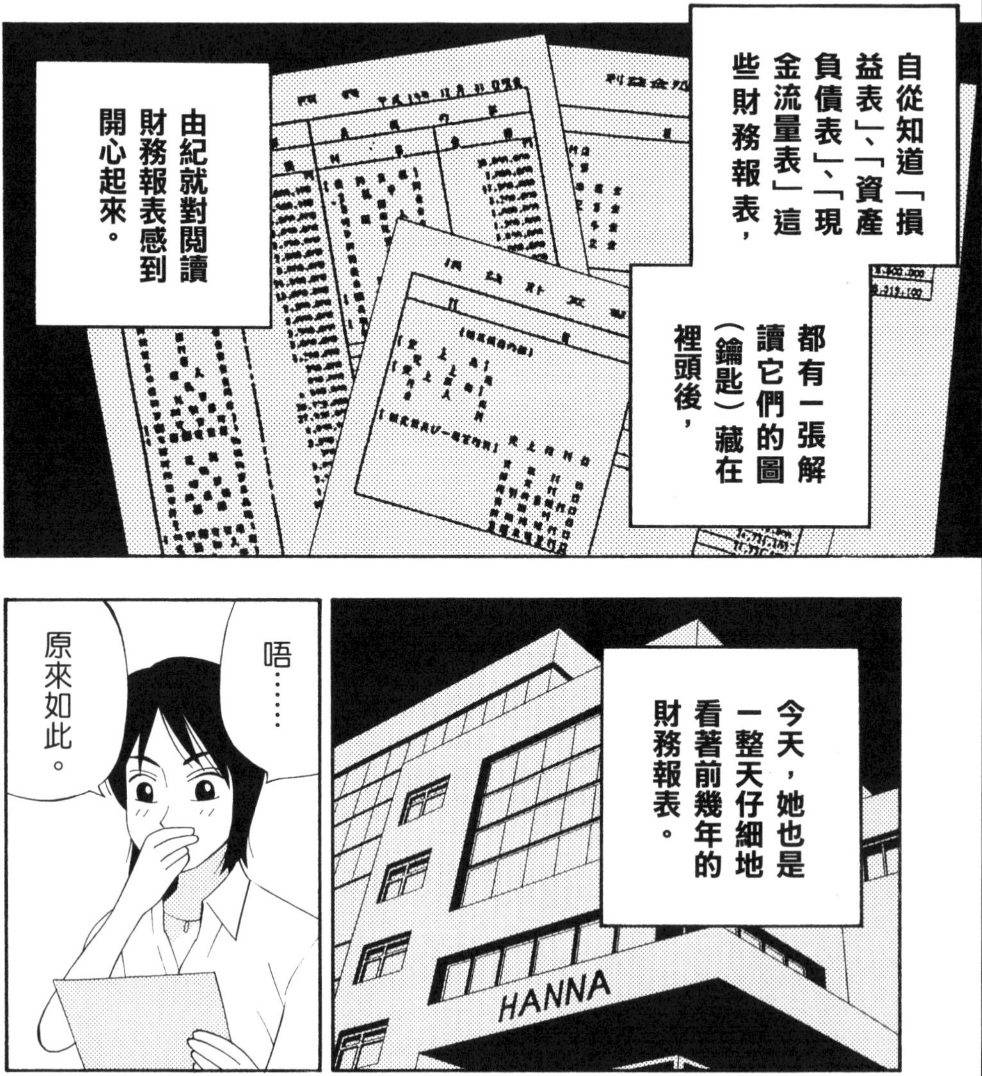
自從知道「損益表」、「資產負債表」、「現金流量表」這些財務報表，
都有一張解讀它們的圖（鑰匙）藏在裡頭後，
由紀就對閱讀財務報表感到開心起來。
今天，她也是一整天仔細地看著前幾年的財務報表。
HANNA
唔……
原來如此。

像這樣在擁有某種程度的知識下讀過財務報表後，
我才知道父親的地位並非因為公司賺錢……
追本溯源之下，也發現他有挪用貸款的情形……
大型高級進口車、渡假村的會員資格，以及北海道的工廠，全都是貸款買來的。
而且，以貸款支應的項目，還不只這樣而已……
……
老爸連員工的薪水也是貸款支付的。
糟透了

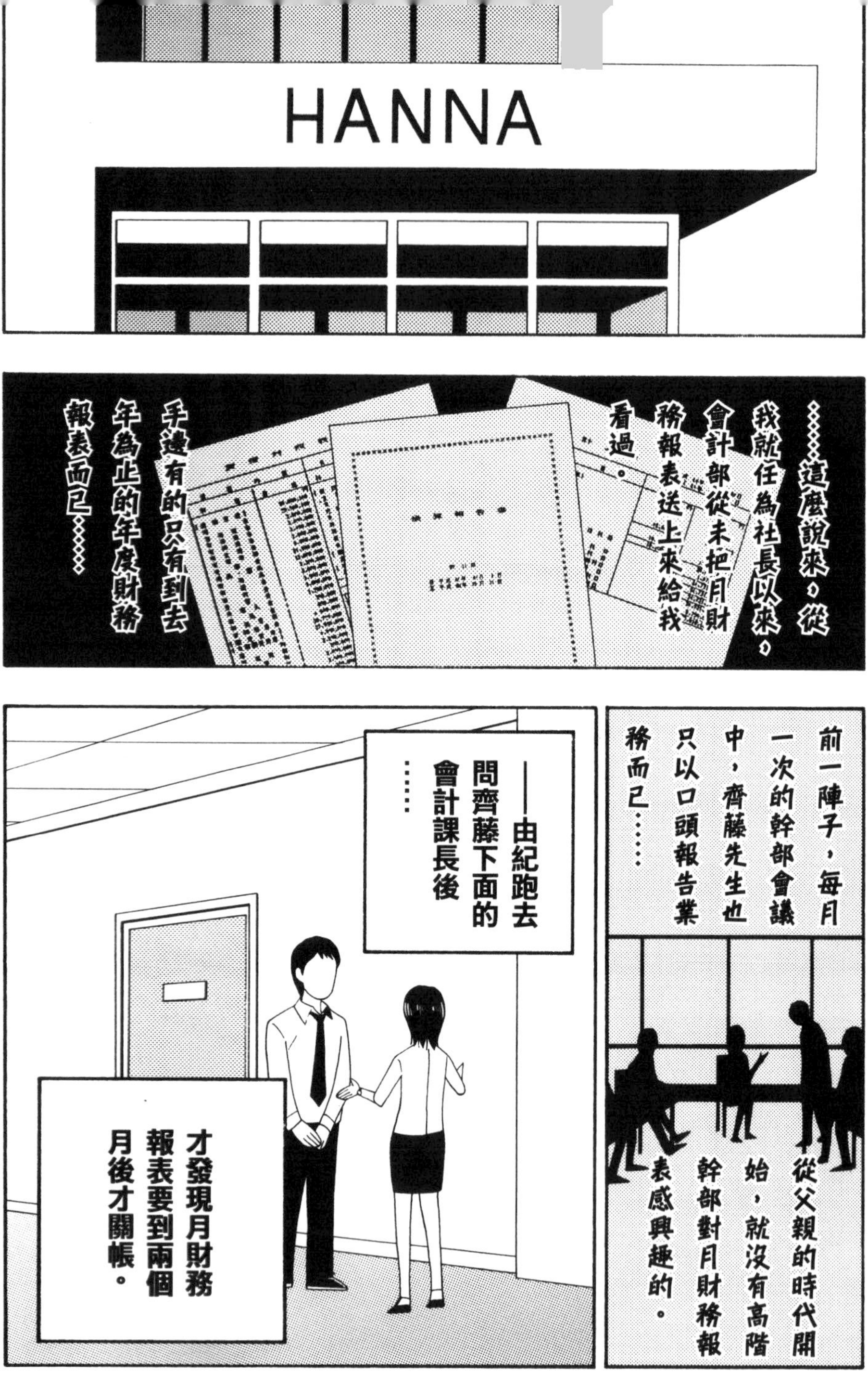
HANNA
……這麼說來，從我就任為社長以來，會計部從未把月財務報表送上來給我看過。
手邊有的只有到去年為止的年度財務報表而已……
前一陣子，每月一次的幹部會議中，齊藤先生也只以口頭報告業務而已……
從父親的時代開始，就沒有高階幹部對月財務報表感興趣的。
──由紀跑去問齊藤下面的會計課長後……
才發現月財務報表要到兩個月後才關帳。

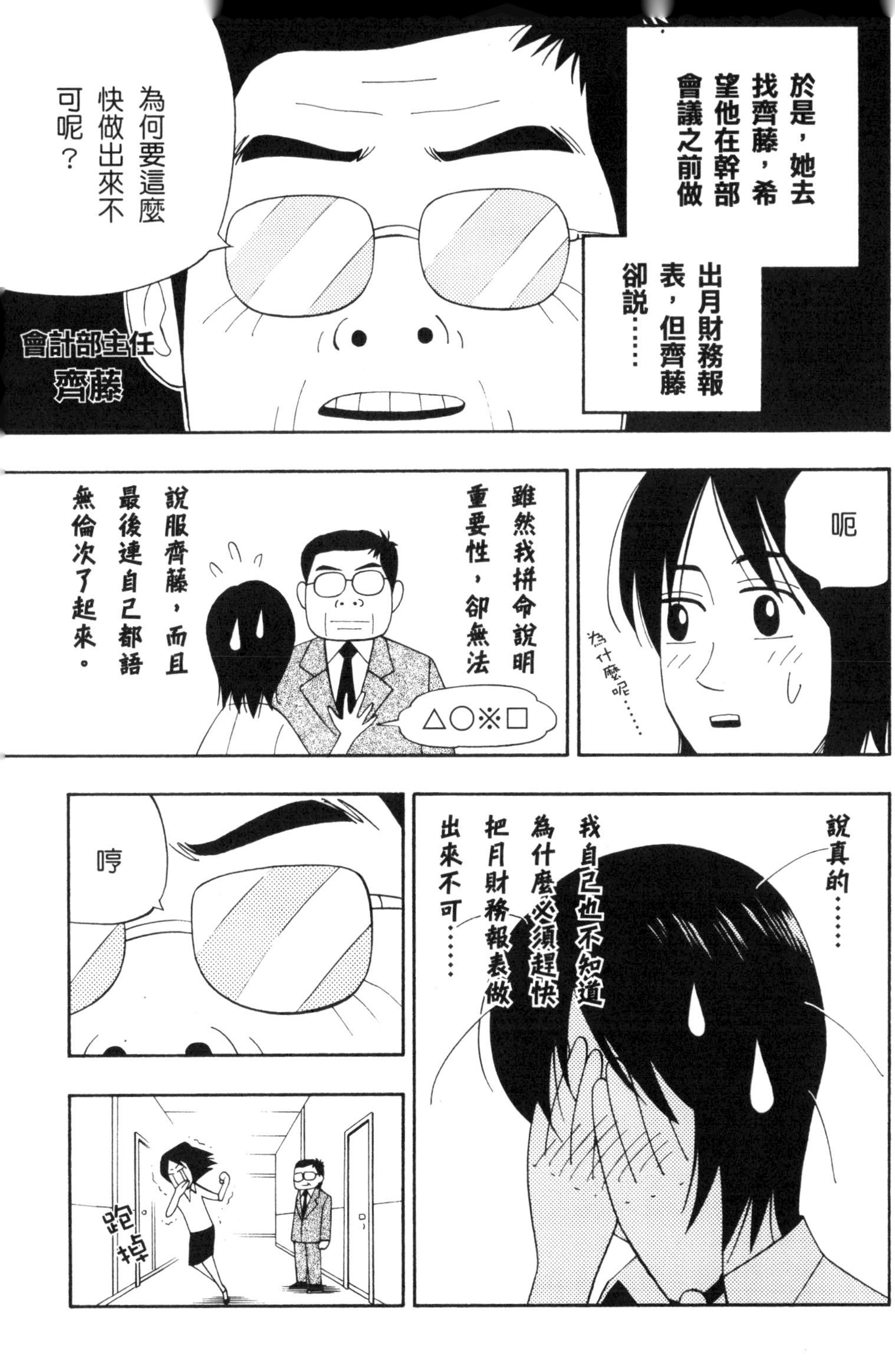
於是，她去找齊藤，希望他在幹部會議之前做出月財務報表，但齊藤卻說……
為何要這麼快做出來不可呢？
會計部主任 齊藤
呃
為什麼呢……
雖然我拼命說明重要性，卻無法說服齊藤，而且最後連自己都語無倫次了起來。
△○※□
說真的……
我自己也不知道為什麼必須趕快把月財務報表做出來不可……
哼
跑掉

矢吹里美
由紀
來，請享用
哈哈
哈哈
哇，看起來好好吃！

由紀的母親里美相當擔心自己的女兒。
一看到因為工作壓力而鬱鬱寡歡的女兒，就覺得不如把公司收掉算了。
——然而
龐大的
-貸款-
現在如果清算公司，巨額的貸款就會壓在女兒肩頭上。
扁掉
這些事就不是里美所知道的了。
吃義式料理是嗎？
沙沙
那正巧！
作響
Bricco Rocche.
Barolo
安曇帶來的是北義的紅酒「Barolo」。

以侍者刀小心翼翼地拔開軟木栓，
確認色香味後，倒在玻璃杯中。
感覺很貴的紅酒……
忐忑
忐忑
忐忑
閃閃
發亮
味道濃，
勁道強，
又複雜，
但這酒的味道卻很高雅。
讓里美親手做的料理變得更好吃——

就在大家微醺的醉意與飽足感下感到舒適時……
里美女士，真的很好吃唷。
哎呀，好難為情……
……
安曇轉換了話題。
對了，上個月的業績如何？
嗯，齊藤主任口頭向我報告是黑字……
但月財務報表還沒有做好。
？
今天都七月二十日了呀。
六月份的月財務報表都還沒關帳嗎？
嗯，我希望齊藤主任能快點做好報表……
但他卻反問我，為什麼那麼急著知道月財務報表的結果……

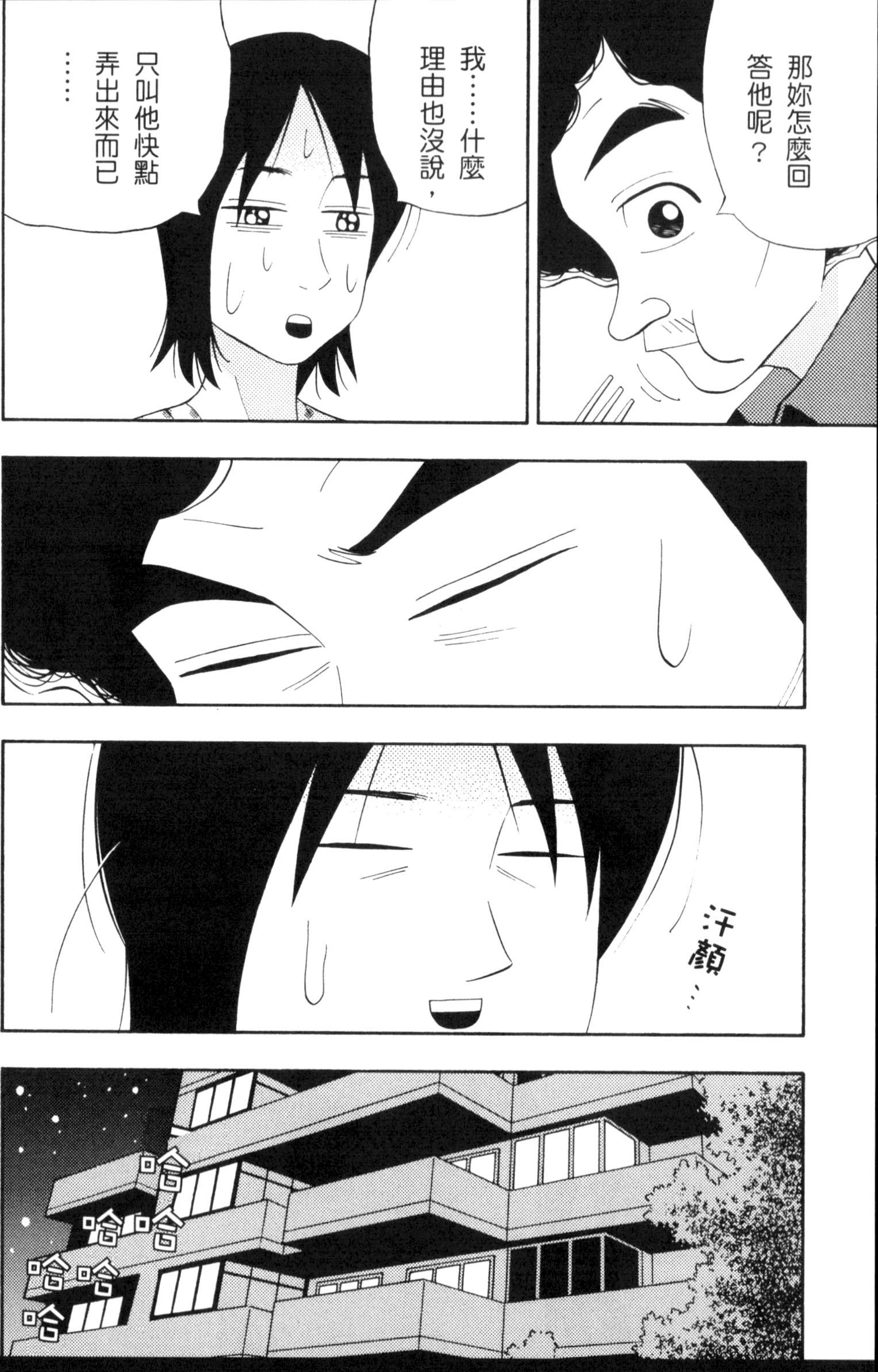
那妳怎麼回答他呢？
我……什麼理由也沒說，只叫他快點弄出來而已……
汗顏……
哈哈哈哈哈哈哈

每月決算的必要性

為何需要每月決算呢？
今天來談這個吧。
啊、
……對了，里美女士
什麼?!
令千金在學生時代，
會訂正考試的結果嗎？
呃
……當時是什麼狀況呢……
不好意思
……那麼，由紀小姐自己記得嗎？
咦？
……這個

我記得還是學生時，只看了看得分與偏差值，就把考卷丟掉了……
因為成績實在太差了，根本不想訂正嘛……
——不過，準備重考後，我想法就變了。
我所上的重考班，會照著一年內的課程反覆上課與考試。
也由於重考班的指導，考卷一發回來，我都會仔細看看哪裡錯了，然後訂正。
成績差的科目，也改變了用功方法。
結果成績排名節節攀升，最後考上第一志願的學校。
耶！

我發現，如果不仔細訂正錯誤的地方，成績就不會進步。
妳明明很懂嘛，由紀小姐
欸？
月財務報表和重考班給完分數的考卷一樣。
重點在於，要想達成目標，就不能不去檢討自己的弱點。
啊!!
確實是這樣!!

管理循環

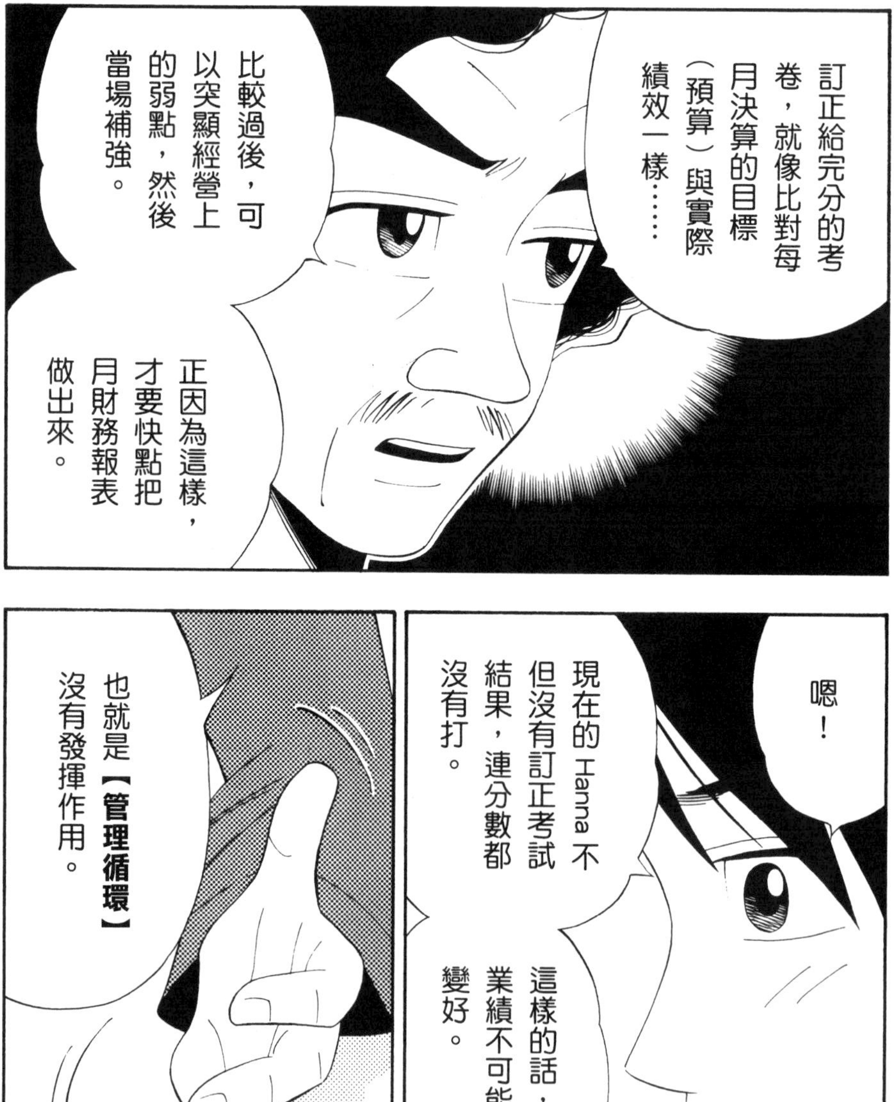
訂正給完分的考卷，就像比對每月決算的目標（預算）與實際績效一樣……
比較過後，可以突顯經營上的弱點，然後當場補強。
正因為這樣，才要快點把月財務報表做出來。
嗯！
現在的Hanna不但沒有訂正考試結果，連分數都沒有打。
這樣的話，業績不可能變好。
也就是【管理循環】沒有發揮作用。

用語解說

【管理循環】

分為PDS循環與PDCA循環。一般來說是後者。也就是依序實施計畫（Plan）、執行（Do）、查核（Check），以及行動（Action）的流程，把最後的行動連結到下一次的計畫中，螺旋狀地推進目標的管理方式。管理會計會用於有效執行此一管理循環之用。

管理循環？
對，又稱PDCA循環。
和妳在重考時注意到的準備考試的循環一樣唷。

語畢，安曇在由紀的筆記本上畫了個圓，
由紀筆記本
再好像要把它四等份一樣畫上十字線。
然後為PDCA循環與準備考試加上對比性的字句。

管理與準備考試，在PDCA循環的部分都相同。

為有效進行PDCA循環會使用會計。

這個計畫P是年度行動計畫，（事業計畫）要決定具體來說要做什麼。

管理循環（PDCA）循環

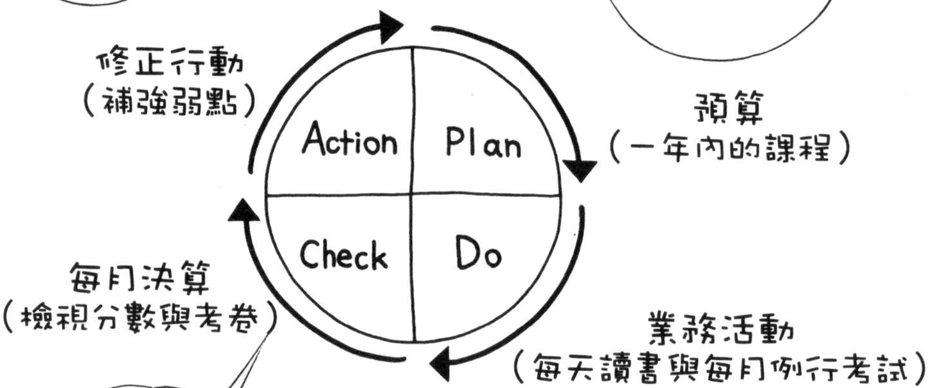

Action
Plan
Check
Do
預算（一年内的課程）
業務活動（每天讀書與每月例行考試）
每月決算（檢視分數與考卷）
修正行動（補強弱點）

① Plan
設定目標、訂定實現目標之活動計畫

② Do
實施計畫，測定實際成績

③ Check
查核測定結果，比較結果與目標等等在分析後弄清楚應該改善之處

④ Action
實際採取改善行動

——再以管理會計的手法修正金額，就是年度預算

而每月的行動計畫轉換為金額，就是下月預算。

可以把每月預算看成有如年度預算的里程碑。

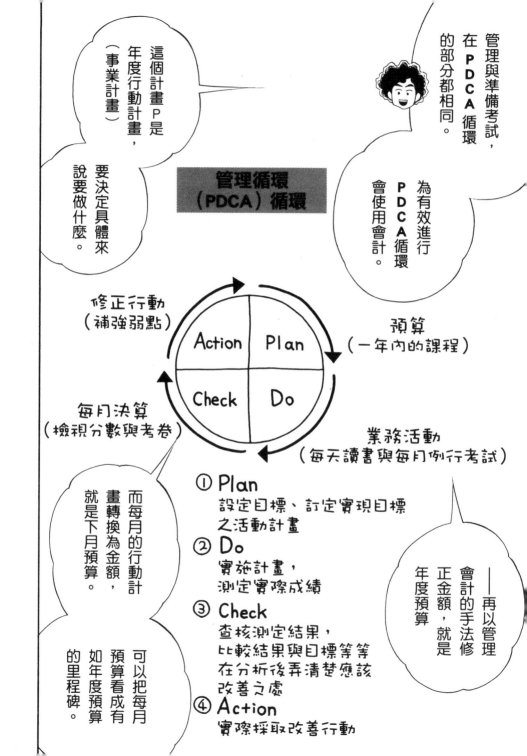

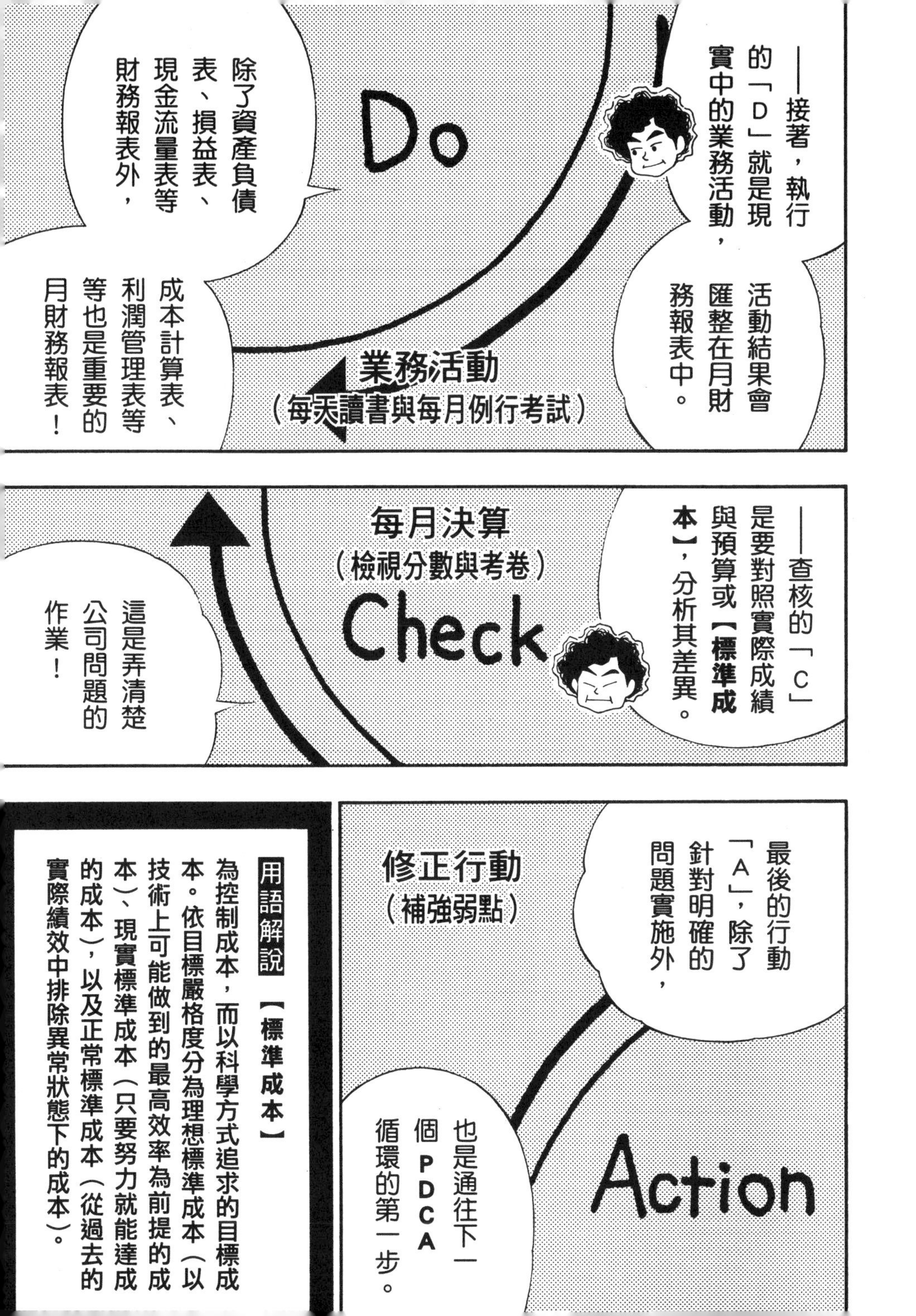
——接著，執行的「D」就是現實中的業務活動，
活動結果會匯整在月財務報表中。
Do
業務活動（每天讀書與每月例行考試）
除了資產負債表、損益表、現金流量表等財務報表外，
成本計算表、利潤管理表等等也是重要的月財務報表！
——查核的「C」是要對照實際成績與預算或【標準成本】，分析其差異。
每月決算（檢視分數與考卷）
Check
這是弄清楚公司問題的作業！
最後的行動「A」，除了針對明確的問題實施外，
也是通往下一個PDCA循環的第一步。
修正行動（補強弱點）
Action
用語解說 【標準成本】

為控制成本，而以科學方式追求的目標成本。依目標嚴格度分為理想標準成本（以技術上可能做到的最高效率為前提的成本）、現實標準成本（只要努力就能達成的成本）、以及正常標準成本（從過去的實際績效中排除異常狀態下的成本）。

讓PDCA循環轉動

那個……
你說的PDCA循環，可以順利轉動嗎？
好問題，其實那就是問題所在。
正如伯母所言，PDCA不會像教科書上寫的那樣轉動。
不……
不好意思，這是怎麼回事呢？
我剛才說，要月財務報表的結果與預算或標準成本對照，分析金額的差異，
藉以弄清公司存在的問題。

……不過，從金額的差距上，無法判斷是現場的什麼原因出了問題。
也就是說，無法連結到改善的行動上。
如果無法分析差異的原因，將結果連結到行動上，
PDCA循環就不會轉動。
這樣的話，不就沒必要做月財務報表了嗎……
愈來愈搞不懂了……
請再思考一次「會計是什麼？」
會計是一種在會計原則下呈現出來的摘要性資料，不過是近似值。
把事業計畫或每月計畫置換為會計數字，就是年度預算或每月預算。

然後，把實際活動結果置換為會計數值，就是每月決算數字。
這裡也都是摘要性的近似值。
它們要比較的，並不是無法迫近事實的金額，而應該是其背後存在的事實。
……
即使如此……分析金額的差異，不是應該有其意義嗎？
妳聽好！
會計資訊不過是以決定好的科目與金額呈現出來而已。
即使比較預算金額與決算金額而算出差異，
仍無法知道其發生原因。

我再說一次，應該留心的是金額背後的事實，
而不是金額的差異。
光只比較金額，當然就什麼也無法分析了。
也就是說……PDCA循環要想有效發揮功能，重要的是
比較預算與實際成績背後、現場層次中的『預計作業』與『實際作業』。
……

第 4 章

考試不訂正的孩子成績差〈後篇〉

～ 經營計畫[redacted]CA循環 ～

要有經營願景

PDCA循環不是一個月或一年就結束的，
而是永遠持續的循環。
咦?!
這個月PDCA循環的結果，對下個月PDCA循環的P（計畫）有影響，這點可以理解。
每月的PDCA循環瞄準的是年度目標，這也能理解……

但「永遠」也太……
安曇老師！你說永遠是什麼意思？
只要公司依然存在，PDCA循環就會瞄準更高層次的目標，以螺旋階梯狀反覆發生唷。
就像是朝著天空搭蓋的巴別塔的樓梯一樣。（註）
巴別塔？
對，PDCA循環會永遠持續。
？
一年後的目標不過是三年後目標的里程碑而已……
三年後目標又是五年後目標的里程碑，諸如此類……

編註：The Tower of Babel《聖經》故事中所提到的一座通天塔，由諾亞的後代所建。

圖解 PDCA 循環

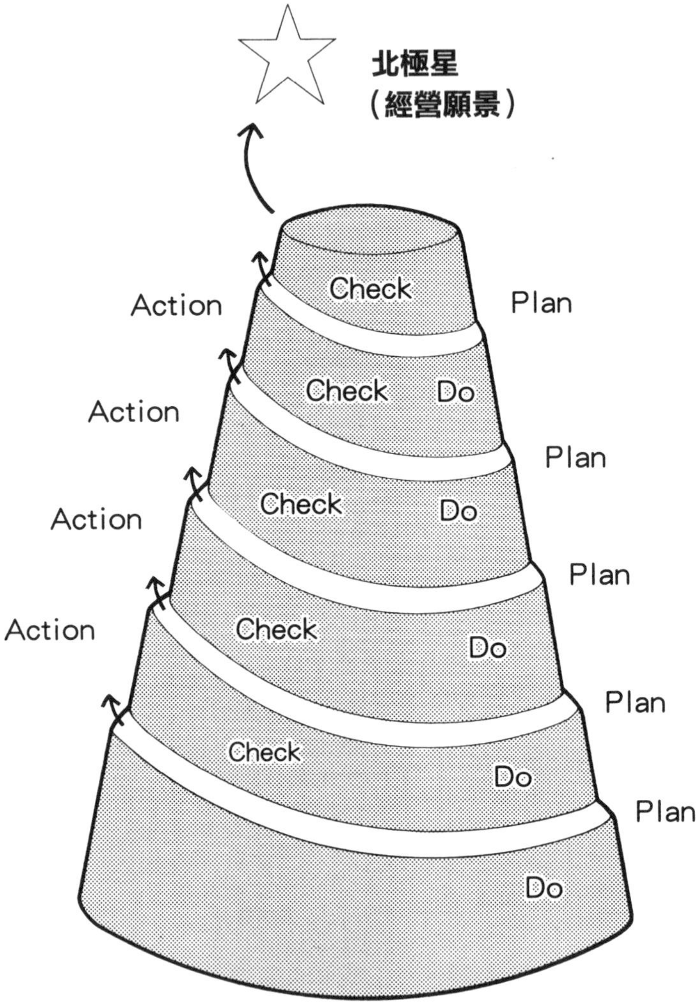
北極星
（經營願景）
Action
Check
Plan
Action
Check
Do
Plan
Action
Check
Do
Plan
Action
Check
Do
Plan
Check
Do
Plan
Do

PDCA循環會朝著經營願景以
螺旋階梯狀永遠持續

——至於PDCA的目標朝向哪裡？
……就是朝著妳想要實現的目標。
也就是說，身為經營者，妳必須對長遠的未來抱持【經營願景】。

用語解說

【經營願景】
就是「希望未來企業變成的樣子」，也就是企業的志向與目標。是相對上較抽象的目標。不過，只知道一個勁兒往前衝，也無法達成目標。在起跑前，必須以宏觀角度檢討贏過其他競爭者的策略。必須好好研擬要執行與不執行的事項，這稱之為「經營戰略」。中國知名兵法家孫子曾說「多算勝，少算不勝」。這句話的意思是，在戰爭前確切訂好戰略者，才能在實戰中致勝；只有些許戰略者，將會戰敗。中期目標、經營戰略以及獲利計畫，稱之為中期經營計畫。

願景？
就當成北極星就行了。
北……北極星？
一閃～
先別管北極星，妳希望Hanna成為什麼樣的公司？

……什麼樣的公司……
……這個嘛
現在我們有很多品牌，
但我個人希望能專注於女性服飾上……
——我希望我們公司能讓女性在看到一件衣服時，有一種「幸福」的感動！
閃亮～
閃亮
而且，如果能做出為職業婦女帶來自信，
在她們失去信心時給予鼓勵、慰藉的衣服，就太棒了!!
太好了，由紀！媽媽支持妳！
不要這樣，媽！
好難為情！真是的！
這麼說來，很久以前……
由紀妳記得嗎？

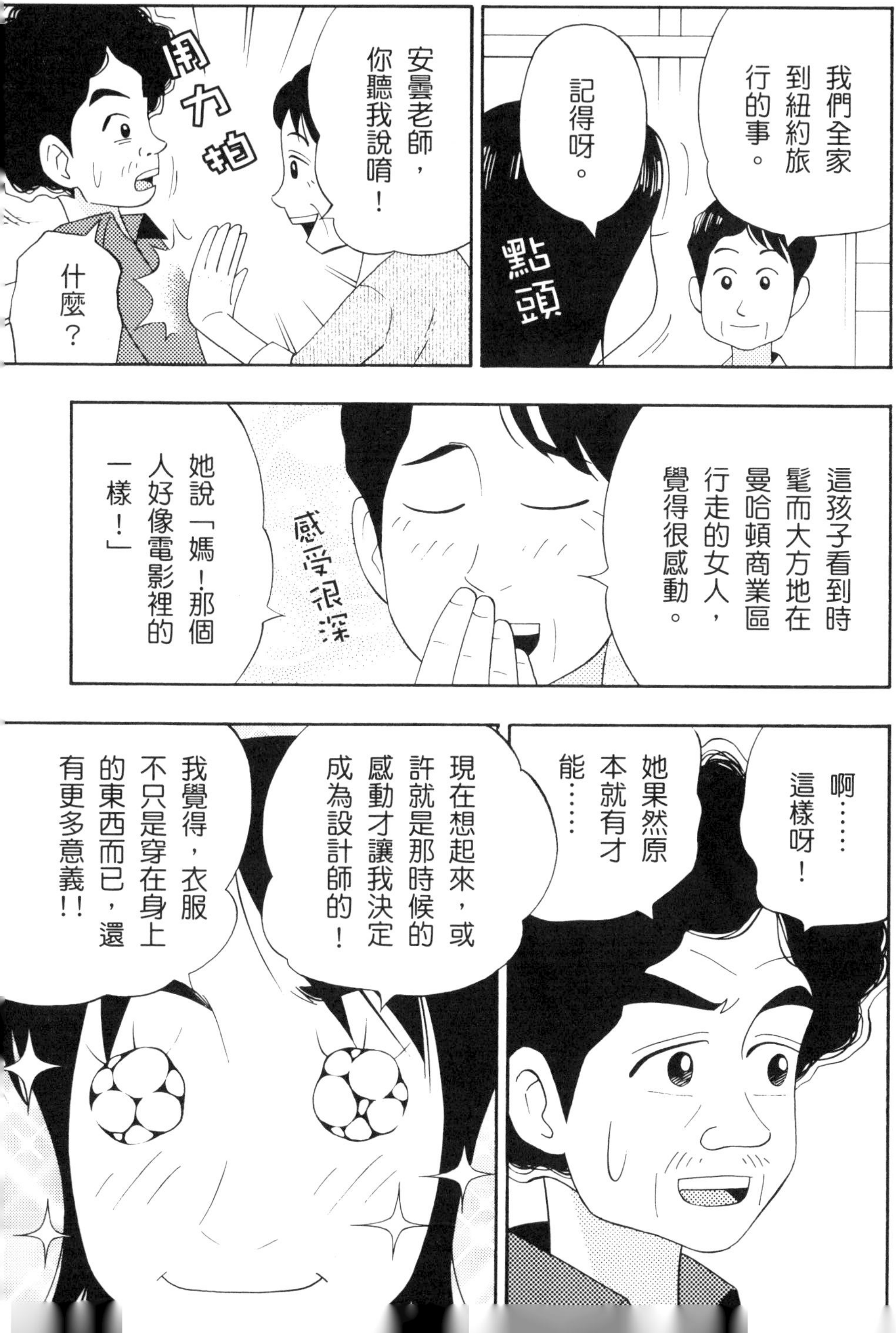
我們全家到紐約旅行的事。
記得呀。
點頭
安曇老師，你聽我說唷！
用力拍
什麼？
這孩子看到時髦而大方地在曼哈頓商業區行走的女人，覺得很感動。
感受很深
她說「媽！那個人好像電影裡的一樣！」
啊……這樣呀！
她果然原本就有才能……
現在想起來，或許就是那時候的感動才讓我決定成為設計師的！
我覺得，衣服不只是穿在身上的東西而已，還有更多意義!!

咳！
妳的夢想、想讓公司前往的方向，以及挑戰性的目標，就是很棒的經營願景了！
安曇說，所謂的經營願景，就好像無論面對何種狀況，都不會動搖方向的北極星一樣。
——然而，怎麼做才能實現自己的夢想呢？
由紀不知道抵達目的地之前的過程……她還是感到疑惑。
由紀小姐
如果不好懂的話，請試著想想過去的武將所懷抱著統一天下的夢想。
統一天下的夢想？
安曇在由紀的筆記本上畫了幾座城的圖。
寫～
寫～

戰國時代，武將立志要統一天下。

去除至今的老舊習慣、建立一個新的國家（經營願景）。

經營願景與行動計畫
（以戰國武將為例）

經營願景

統一天下
建立新國家

↓ 為此必須

中期經營計畫

最初三年，要採取行動爭取散居各地的諸侯支持自己制定計畫

↓

單年度事業計畫

決定第一年要達成的目標

↓

每月計畫

決定每個月要達成的目標

↓

每日計畫

為達成每月目標，研擬每天的作戰內容

↓

投入每天的行動

——到達成最終目標前，得耗費好幾年時間。

> 每天的行動，必須朝著經營願景這個最終目標而去。

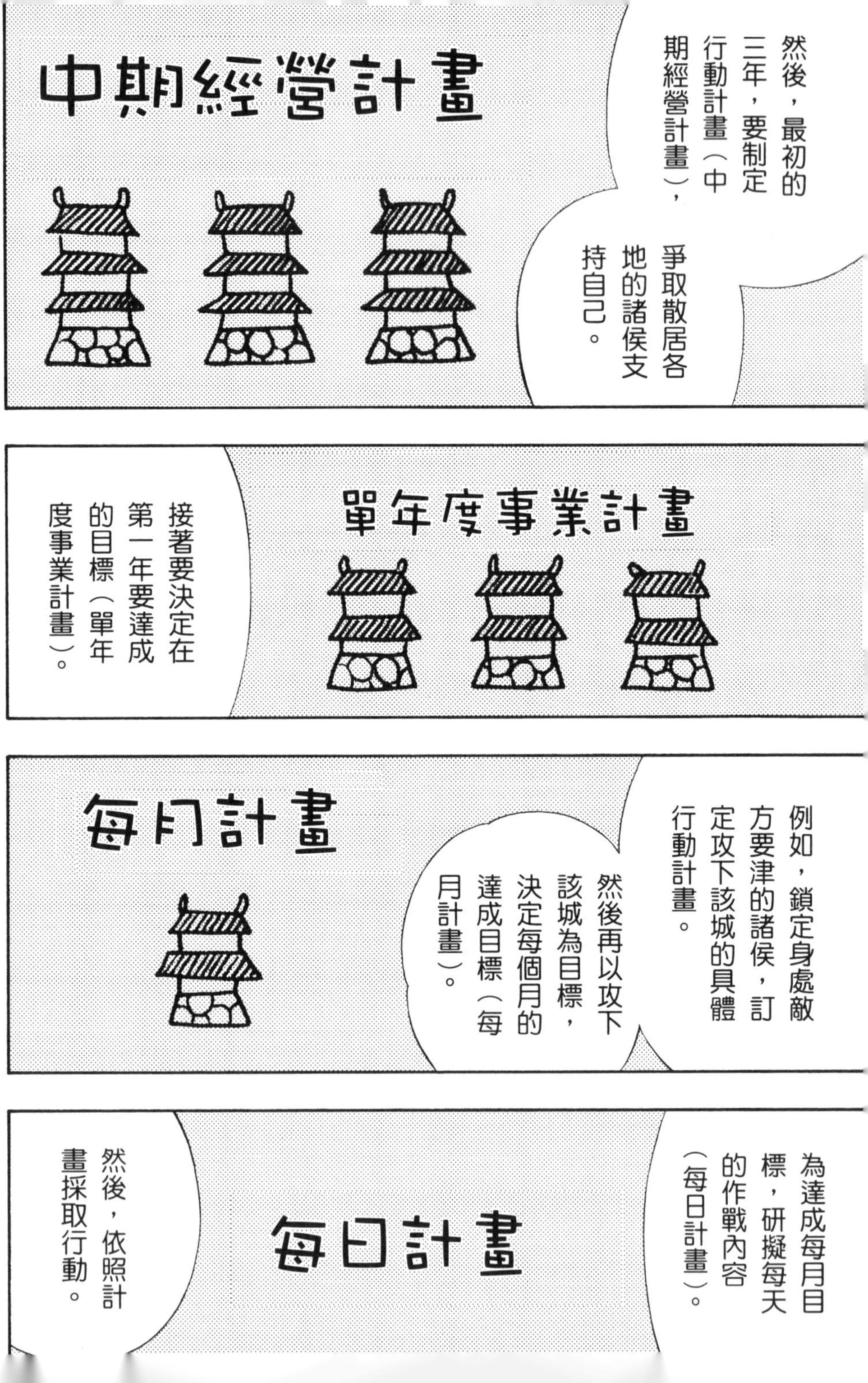
然後，最初的三年，要制定行動計畫（中期經營計畫），
爭取散居各地的諸侯支持自己。
中期經營計畫
單年度事業計畫
接著要決定在第一年要達成的目標（單年度事業計畫）。
例如，鎖定身處敵方要津的諸侯，訂定攻下該城的具體行動計畫。
然後再以攻下該城為目標，決定每個月的達成目標（每月計畫）。
每月計畫
為達成每月目標，研擬每天的作戰內容（每日計畫）。
每日計畫
然後，依照計畫採取行動。

企業的經營也是完全相同！
每天的活動，要經常以實現最終經營願景為目標才行，
是吧！
我知道了！實現自己夢想的第一步，就是此時此刻!!
加油呀，由紀！

會計在經營計畫中的定位

不好意思，安曇老師，
我還有另一個疑問，可以讓我問嗎？
當然！
不好意思，
那個……企業的經營計畫中，在哪些部分與會計有關呢？
計畫就是夢想。
但光是追求夢想，只是畫餅充飢而已。

此時就輪到會計出場了！
把具體的行動計畫反映到會計上，
檢驗該計畫是否只是畫成圖的餅而已。
——這計畫真的可以帶來利潤嗎？
現金會持續增加嗎？
不會因為現金告罄而讓計畫挫敗嗎？……要以會計手法檢驗這些事項。
一旦計畫出現赤字，或是現金短缺，計畫就變成紙上談兵而已，
必須歷經無數次的模擬、修正，才能研擬出可接受的計畫。

也就是說，會計是一種利用現金流量與利潤的概念，來檢驗行動計畫可行性的工具。

——一回神，時針已指向十點了。
♪
安曇老師，喝個法國白酒當餐後酒吧！
噢噢♪
這是！
迅速動作
伊肯堡
Château d'Yquem
Sauternes
2001
貴腐甜酒，這是甜白酒的王者。
太棒了！

安曇露出笑容，在自己的杯子裡倒滿它。

第5章 餃子店與高級法國餐廳哪個賺錢？

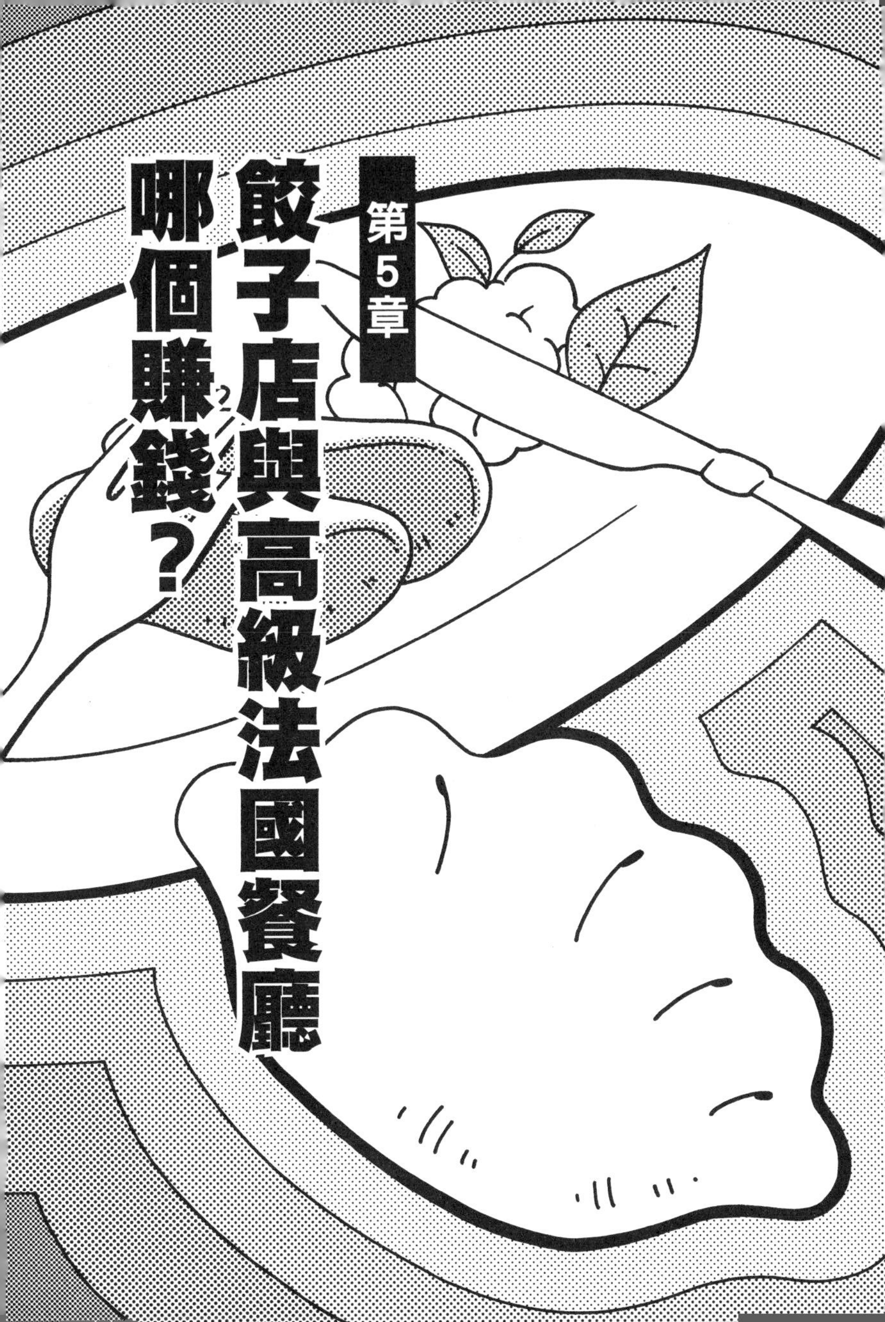

分析～

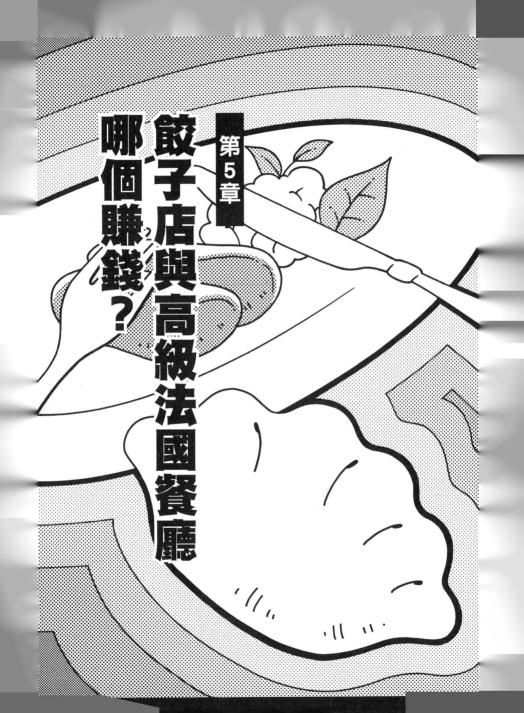

蒲田的餃子店

這次安曇老師指定的店位於蒲田站附近，
餃子大王
連要客套點說它很整潔都有點困難……
不過，店裡交雜著大批客人。
人聲鼎沸
喧鬧吵雜
——似乎是一家很有人氣的餃子店。
人聲
鼎沸
躂
躂
躂

請問要點什麼？
啊，中國人
這家店的餃子有煎餃（鍋貼）、炸餃、水餃三種，據説各包不同的料。
這家店最有人氣的是水餃，但要不要都吃吃看？
好！
期待！期待！
——大約十分鐘後，裝滿大盤子的餃子就送來了。

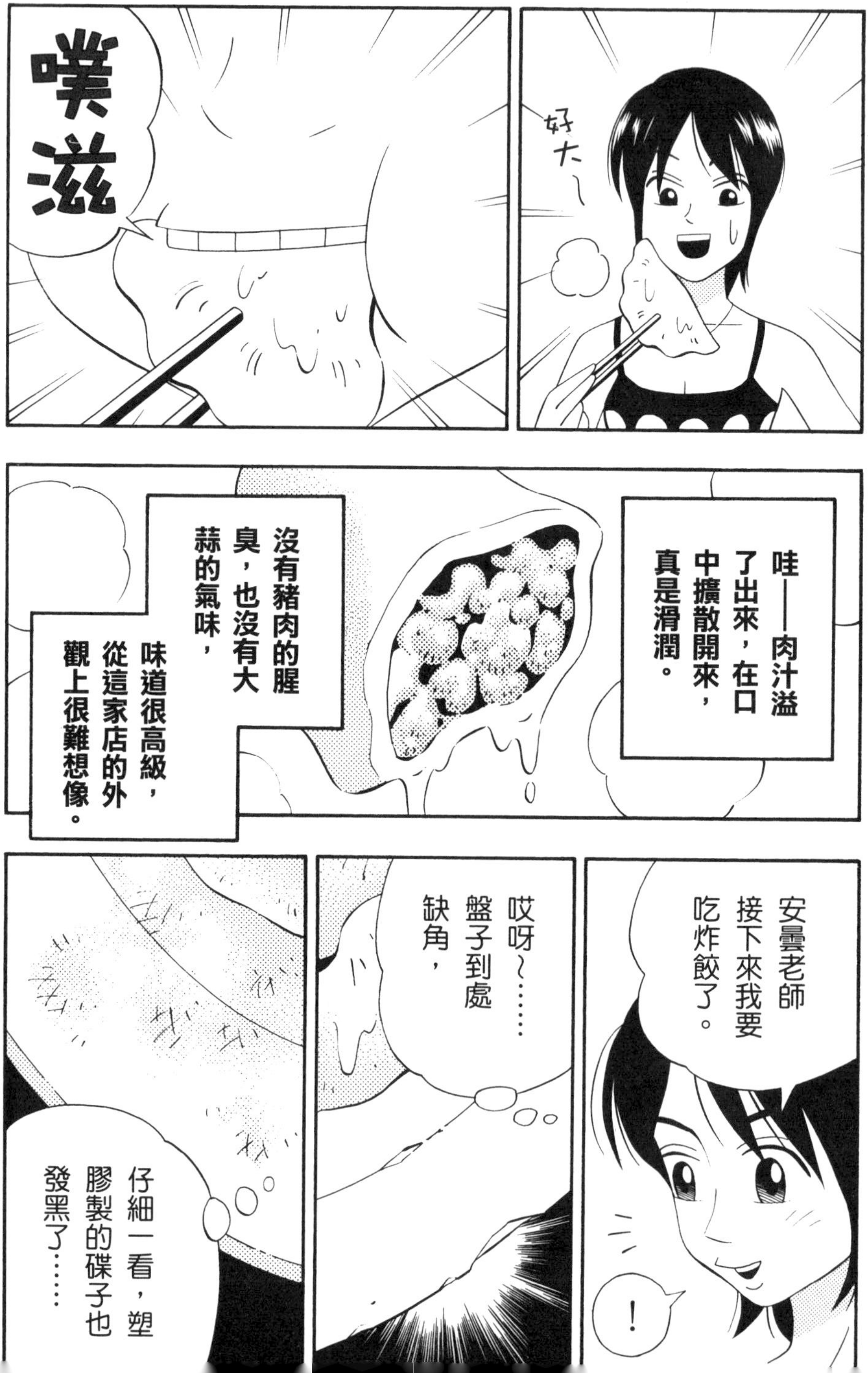
好大～
噗滋
哇——肉汁溢了出來，在口中擴散開來，真是滑潤。
沒有豬肉的腥臭，也沒有大蒜的氣味，
味道很高級，從這家店的外觀上很難想像。
安曇老師接下來我要吃炸餃了。
！
哎呀～……盤子到處缺角，
仔細一看，塑膠製的碟子也發黑了……

桌子都是傷痕，椅子也發出嘎噠嘎噠的聲音搖晃著……
可是，店門外卻有客人大排長龍。
人聲鼎沸
喧鬧
吵雜
…
老師也常到這種店來呢！
和上次銀座那家餐廳截然不同。
哈哈
安曇老師竟然會知道這種店，真驚訝……
我最喜歡這種店！
好吃的話更愛♡
由紀小姐，妳覺得，銀座的餐廳和這家店，哪個賺錢？
？

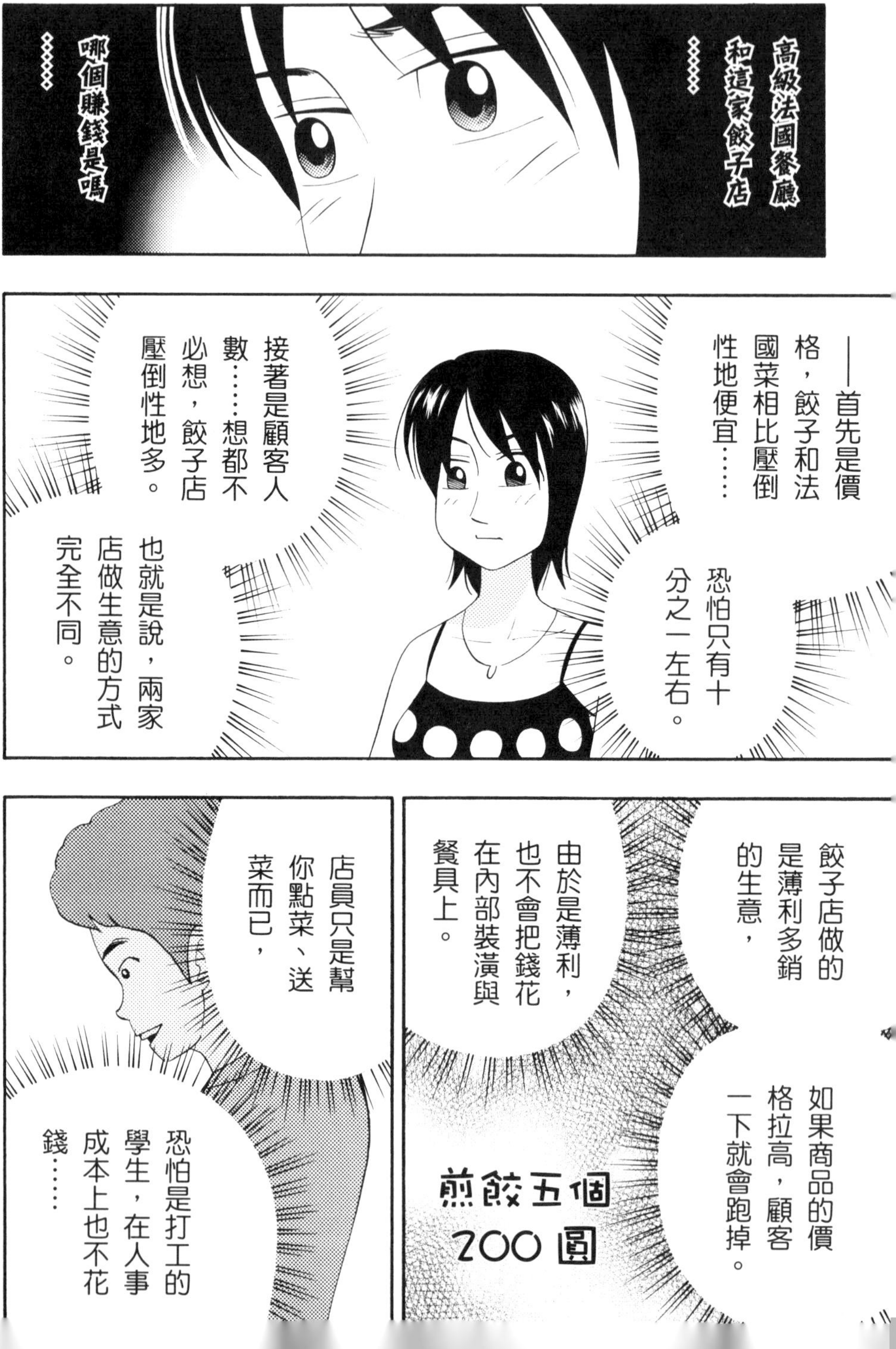
高級法國餐廳
和這家餃子店
……
哪個賺錢是嗎
……
——首先是價格，餃子和法國菜相比壓倒性地便宜……
恐怕只有十分之一左右。
接著是顧客人數……想都不必想，餃子店壓倒性地多。
也就是說，兩家店做生意的方式完全不同。
餃子店做的是薄利多銷的生意，
如果商品的價格拉高，顧客一下就會跑掉。
煎餃五個
200圓
由於是薄利，也不會把錢花在內部裝潢與餐具上。
店員只是幫你點菜、送菜而已，
恐怕是打工的學生，在人事成本上也不花錢……

銀座的高級法國餐廳就完全相反。
鋪滿地毯、裝飾在入口處的玫瑰花，
光是看到掛在牆上的厚重畫作，
日常的壓力差不多就消除，上演一個與日常生活完全隔絕的空間。
桌上的盤子、叉子、玻璃杯，全都擦到一塵不染。
服務生很有禮貌，也很整潔。
要維持那家店，應該需要相當的資金。
──再來是
食材的成本

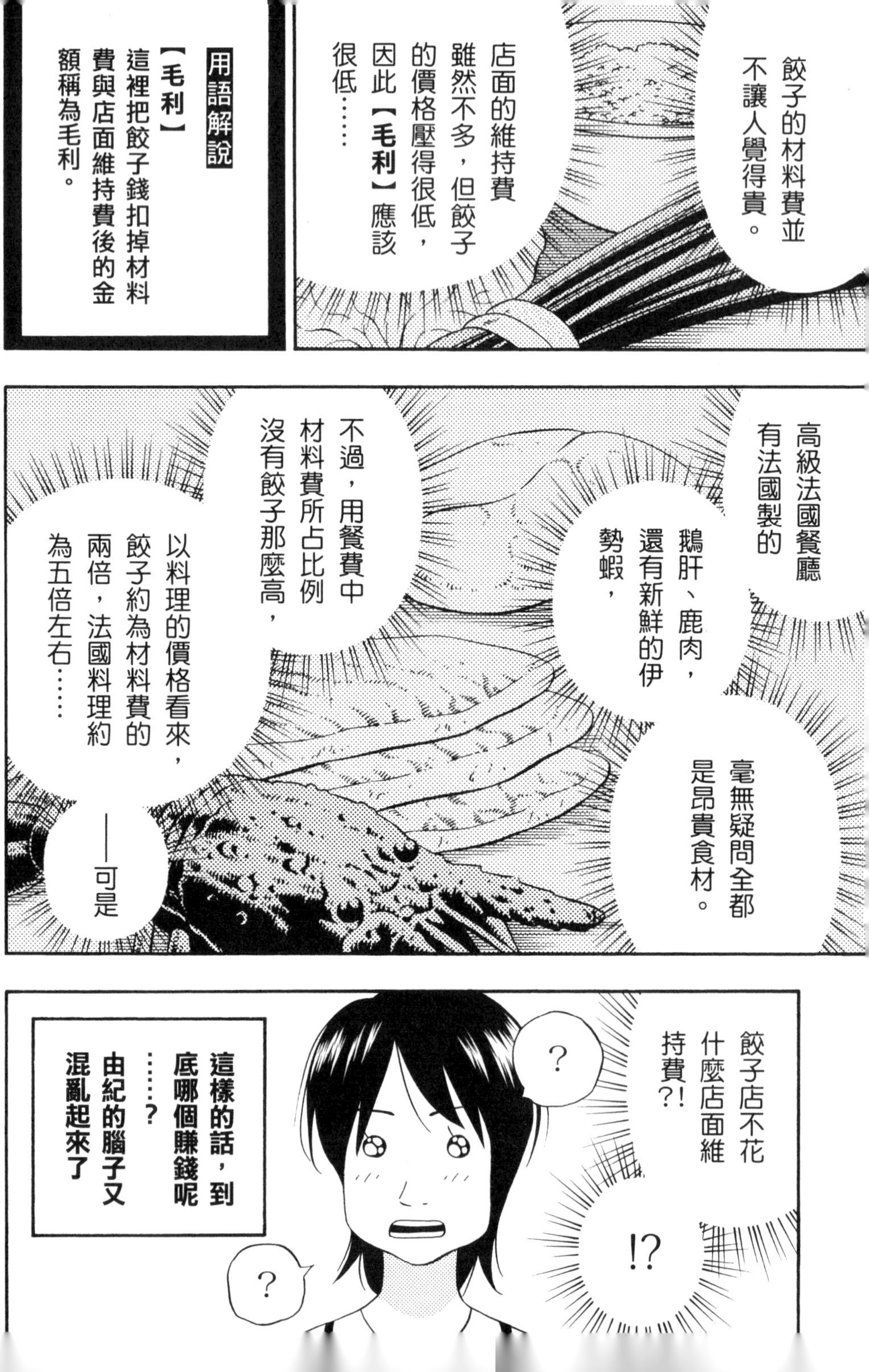

餃子的材料費並不讓人覺得貴。
店面的維持費雖然不多，但餃子的價格壓得很低，因此【毛利】應該很低……
用語解說
【毛利】這裡把餃子錢扣掉材料費與店面維持費後的金額稱為毛利。
高級法國餐廳有法國製的
鵝肝、鹿肉，還有新鮮的伊勢蝦，
毫無疑問全都是昂貴食材。
不過，用餐費中材料費所占比例沒有餃子那麼高，
以料理的價格看來，餃子約為材料費的兩倍，法國料理約為五倍左右……
——可是
餃子店不花什麼店面維持費?!
?
!?
?
這樣的話，到底哪個賺錢呢……？由紀的腦子又混亂起來了

只要知道邊際利潤與固定費用就知道公司的獲利結構

今天的課程是要教妳如何大略掌握公司的獲利結構。
妳應該已經發現，這家店走薄利多銷路線，
賣掉一盤餃子，也不會有太多利潤。
因此，這裡的老闆力行的是「賣多一點」以及「徹底壓低店面維持費」。
好了，我問妳，賣多少餃子才能賺錢呢？
……要
要賣多少才賺……

那個……我想如果不詳細計算的話應該不知道吧。
但如果使用會計，就能簡單得知！
安曇在由紀的筆記本上大大地寫下邊際利潤與【固定費用】
寫
邊際利潤
固定費用
寫
只要能理解這兩個概念，就能看出公司的獲利結構。

用語解說　**【固定費用與變動費用】**

在生產設備、員工人數、銷售體制等企業經營能力不變下，其利用率稱為「稼動率」。稼動率可以使用在機械使用時間、生產量、直接作業時間、銷售量等項目上。費用可以依據稼動率增減時跟著產生的變化，區分為固定費用與變動費用。時間與生產量用於製造成本，銷貨收入用於銷售費用與管理費用。在本書中，費用專指相對於銷貨收入的變動或固定狀態。

邊際利潤
固定費用
邊際利潤原本的意思是，每追加銷售一個產品，所追加得到的利潤。
簡單來說，就是每多賣一盤餃子，所追加得到的利潤（請注意是「追加」）。
在會計中，邊際利潤的意思是「**銷貨收入扣掉變動費用（材料費）的金額**」。
也就是說，從餃子的銷貨收入中扣掉等比例增加的材料費的金額，就是這家店的邊際利潤！
至於銷售增加或減少都不變的費用……像是店員的人事成本或店面的租金等店面維持費——這稱為固定費用。

只要知道邊際利潤與固定費用，就知道公司的獲利結構了。
安曇在由紀的筆記本上畫了直角三角形與長方形的圖。

透過邊際利潤與固定費用得知獲利結構

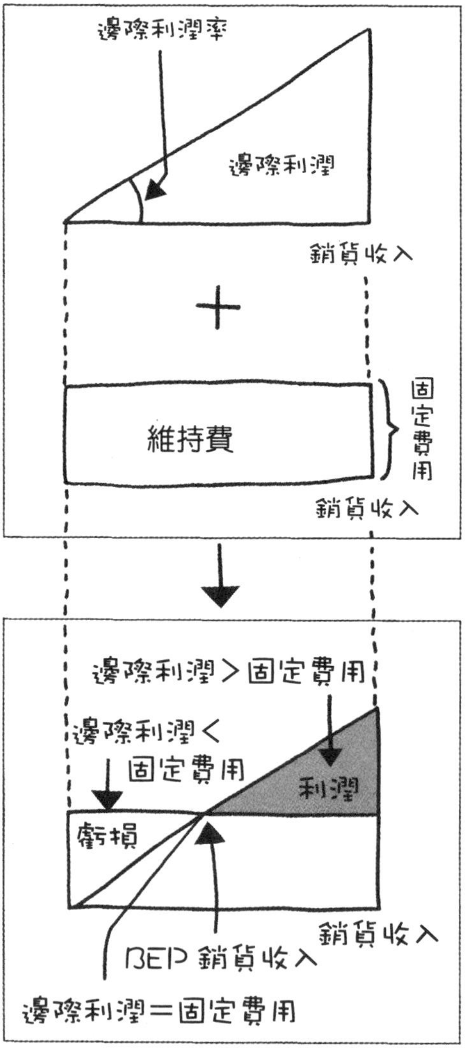
邊際利潤率
邊際利潤
銷貨收入
+
維持費
固定費用
銷貨收入
邊際利潤＞固定費用
邊際利潤＜固定費用
利潤
虧損
銷貨收入
BEP銷貨收入
邊際利潤＝固定費用

兩個圖

- 銷貨收入一增加，邊際利潤也會等比例增加
- 邊際利潤相對於銷貨收入的比例，稱為邊際利潤率
- 即使銷貨收入增加，店面維持費用的大小也不會變（固定費用）

疊在一起的圖

- 邊際利潤超過固定費用的部分稱為利潤
- 邊際利潤與固定費用相同時的銷貨收入，稱為損益兩平（BEP）銷貨收入

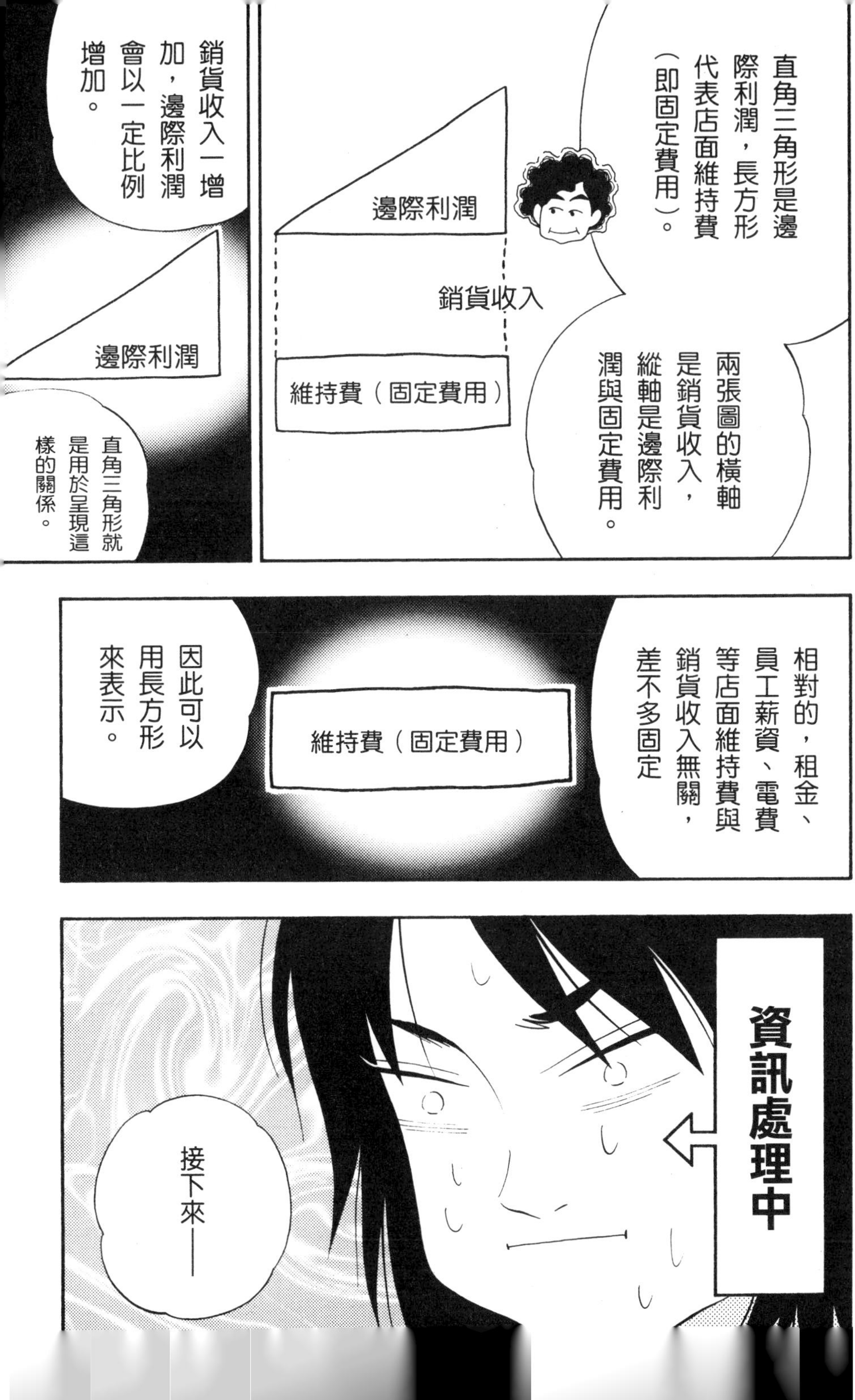
直角三角形是邊際利潤，長方形代表店面維持費（即固定費用）。
邊際利潤
銷貨收入
維持費（固定費用）
兩張圖的橫軸是銷貨收入，縱軸是邊際利潤與固定費用。
銷貨收入一增加，邊際利潤會以一定比例增加。
邊際利潤
直角三角形就是用於呈現這樣的關係。
相對的，租金、員工薪資、電費等店面維持費與銷貨收入無關，差不多固定
維持費（固定費用）
因此可以用長方形來表示。
資訊處理中
接下來——

把這個直角三角形疊在長方形上，就變成這樣，
突出去的部分就是利潤。
我來說明，商品的銷貨收入所帶來的邊際利潤，超過店面維持費（固定費用）的部分就是利潤。
利潤
虧損
反之，固定費用超過邊際利潤的部分就是虧損。
由…由紀小姐？
妳沒事吧？
驚
沒……
沒事!!

計算損益兩平銷貨收入

這麼說來，之前學過的溫度計，
分別計算了銷貨收入與費用，也提到利潤就是二者差額的概念。
這次的圖也是同樣的想法……只是，沒有單用銷貨收入，不過是用銷貨收入扣掉材料費後的邊際利潤而已。

邊際利潤與固定費用一致的點，所對應的銷貨收入稱為「損益兩平銷貨收入」（Break Even Point／BEP）
代表著銷貨收入與費用一致，利潤等於零時的銷貨收入。
是！

公司首先要以該銷貨收入為目標！
沒錯！
以考試來說，就是最低及格點。
那個……安曇老師，
有沒有方法可以找出損益兩平銷貨收入？
想知道Hanna的損益兩平點銷貨收入。
只要能知道它，就能了解在目前的累計銷售金額外，還要多少銷貨收入才會有利潤！
只要把固定費用除以【邊際利潤率】（邊際利潤÷銷貨收入），就能算出損益兩平點銷貨收入
用語解說
【邊際利潤率】相對於銷貨收入，邊際利潤的比例。
把固定費用除以邊際利潤率

例如，餃子的邊際利潤率是50%，店面維持費如果是每個月100萬圓的話，
損益兩平點是200萬圓（100萬圓÷0.5）。
也就是說，每個月只要賣出200萬圓以上的餃子，就有利潤。
換個說法，固定費用與邊際利潤的金額相同時，當時的銷貨收入就是損益兩平銷貨收入。
直角三角形的角度（邊際利潤率）與長方形的高（固定費用）不同的話，損益兩平點也會不同。
高級法國餐廳與餃子店的這兩點不同。
——腦子裡的昏沉現在煙消雲散了！
邊際利潤率方面，法國料理比餃子高（相對於售價，材料費少），
但店面維持費（固定費用）多得多。
我試著在筆記本上畫出兩家店的直角三角形與長方形的不同形狀。

高級法國餐廳與餃子店的獲利結構不同

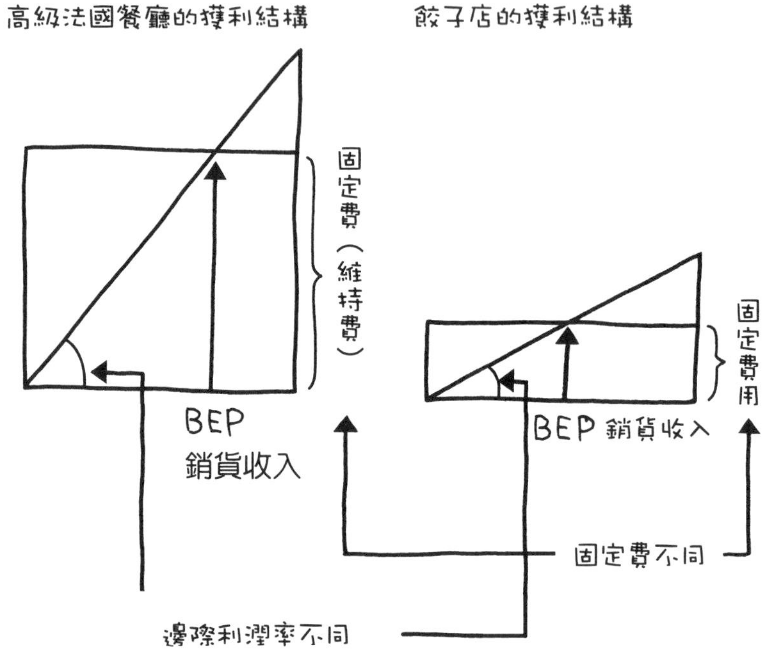

高級法國餐廳的獲利結構
餃子店的獲利結構
固定費（維持費）
BEP
銷貨收入
固定費用
BEP 銷貨收入
固定費不同
邊際利潤率不同

（傾斜角度就是邊際利潤率）

高級法國餐廳的銷貨收入一旦超過BEP，利潤會大幅增加；另一方面，銷貨收入一旦減少，虧損狀況也會一口氣惡化。相對的，餃子店只靠少許銷貨收入獲利，即使超過BEP，利潤增加得也不多；即使銷貨收入掉到BEP以下，損失也不多。也就是它們是兩種完全不同的生意模式。

我總算能夠回答安曇老師的問題了！

我的答案是，
三角形呈現陡峭角度的高級法國餐廳比較賺錢。
三角突出的部分就是利潤，因此決定店家利潤多寡的是邊際利潤率。
但高級法國餐廳除了餐點外，為了讓人享受用餐時光，還花費許多店面維持費。
正因為如此，才必須努力提升邊際利潤率。
安曇老師表示，不是因為邊際利潤率高才賺錢，而是如果不提高邊際利潤率，生意就會蝕本。
高級法國餐廳一天一桌只收一組客人，
而且桌數有限。
再者，也未必老是高朋滿座。
正因為如此，才必須提高客單價，拉高邊際利潤率，否則餐廳無法賺錢。

酒是很好的例子，
從香檳開始，搭配料理推薦客人喝白酒或紅酒，最後再推薦餐後甜酒。
甚至於一個不小心，酒錢就會超過飯錢。
也就是說，維持費多、邊際利潤率高的高級法國餐廳，只要銷貨收入超過損益兩平點，利潤就會大幅增加。
然而，一旦掉到損益兩平點以下，虧損也會一口氣增加。
——相對的，邊際利潤率很低、固定費很少的餃子店又如何呢……
銷貨收入太少的話做不成生意，不流行的話會在一瞬間垮掉。
但只要銷貨收入增加，由於維持費低，馬上就能賺錢。
反之，銷貨收入稍微減少，利潤的減少也有限——做生意的方式完全不同。

這樣的差異，或許來自於法國人與中國人的歷史差異。
蒲田的餃子店老闆，想的是如何在不景氣時盡量減少虧損。
銀座的高級法國餐廳老闆，毫無疑問是希望在不景氣下以壓倒性的差異化吸引絡繹不絕的顧客。
妳打算把Hanna打造成什麼獲利結構的公司呢？
我已經下定決心了。
我要讓它成為邊際利潤率高、維持費少的公司。
也就是成為一家賺錢的公司!!
我覺得自己略為掌握到生意的訣竅了。

精光
那盤裝得滿滿的餃子，全都消失在兩人的胃裡。
接下來的課題是如何才能實現妳的想法。
人聲鼎沸
下次我們來談「看不見的現金製造機」吧！
——高級法國餐廳的經營模式。
喧鬧吵雜
一定有參考價值！
好

第6章

香奈兒為何那麼貴？

～ 無形的現金製造機與企業品牌經營 ～

丸之內的葡萄酒餐廳

那天，我走在丸之內的「仲通」路上，朝有樂町而去。
那裡有多家世界知名的精品店。
大樓四處都聽得到鋼琴與小提琴的現場演奏。
——這次安曇老師指定的場所是位於這條「仲通」的葡萄酒餐廳。

那家店可以在隔壁的店面購買自己喜歡的葡萄酒帶進去，因此似乎很受葡萄酒愛好者們的歡迎。
——我比約定的時間晚了五分鐘才到。
急~
急~
不過……我卻沒看到總是準時到場的老師。
！
哎呀，遲到了，不好意思！
我花了點時間找尋想拿給妳喝的紅酒。

侯松・榭格拉酒堡
波爾多・瑪歌酒區的二級酒莊葡萄酒。
GRAND CRU CLASSÉ
Château
RAUZAN-SÉG
MARG
APPELLATION MARG
199
MIS EN BOUTEILLE
PRODUCT OF FRANCE
香氣出眾，丹寧紮實強勁，酒堡的
所有者是妳也知道的香奈兒唷！
香奈兒!!?
了不起的人都喜歡葡萄酒嗎？
侍酒師一把那濃郁的紫色液體倒在玻璃杯中，果香四溢。
閃亮
閃亮
忐忑
忐忑
我一邊小口喝酒，一邊向安曇老師說明近況。

——業績順利回升，
可是……產品庫存還是一樣多……
上星期我們把多餘庫存拿去特賣處理掉，但售價低到讓人難過……
……其中也有產品是以定價二折賣出的……
……結果男裝沒有賣光……
……

由紀小姐……妳想讓公司成為特賣品製造商？
還是成為香奈兒？
！
這個……
香奈兒的產品為何昂貴呢？
是因為它的品質與設計出眾呢……？
是因為它勾起消費者的虛榮心呢……？
還是因為那是生產者的自信表徵呢？
……
……
全部都是

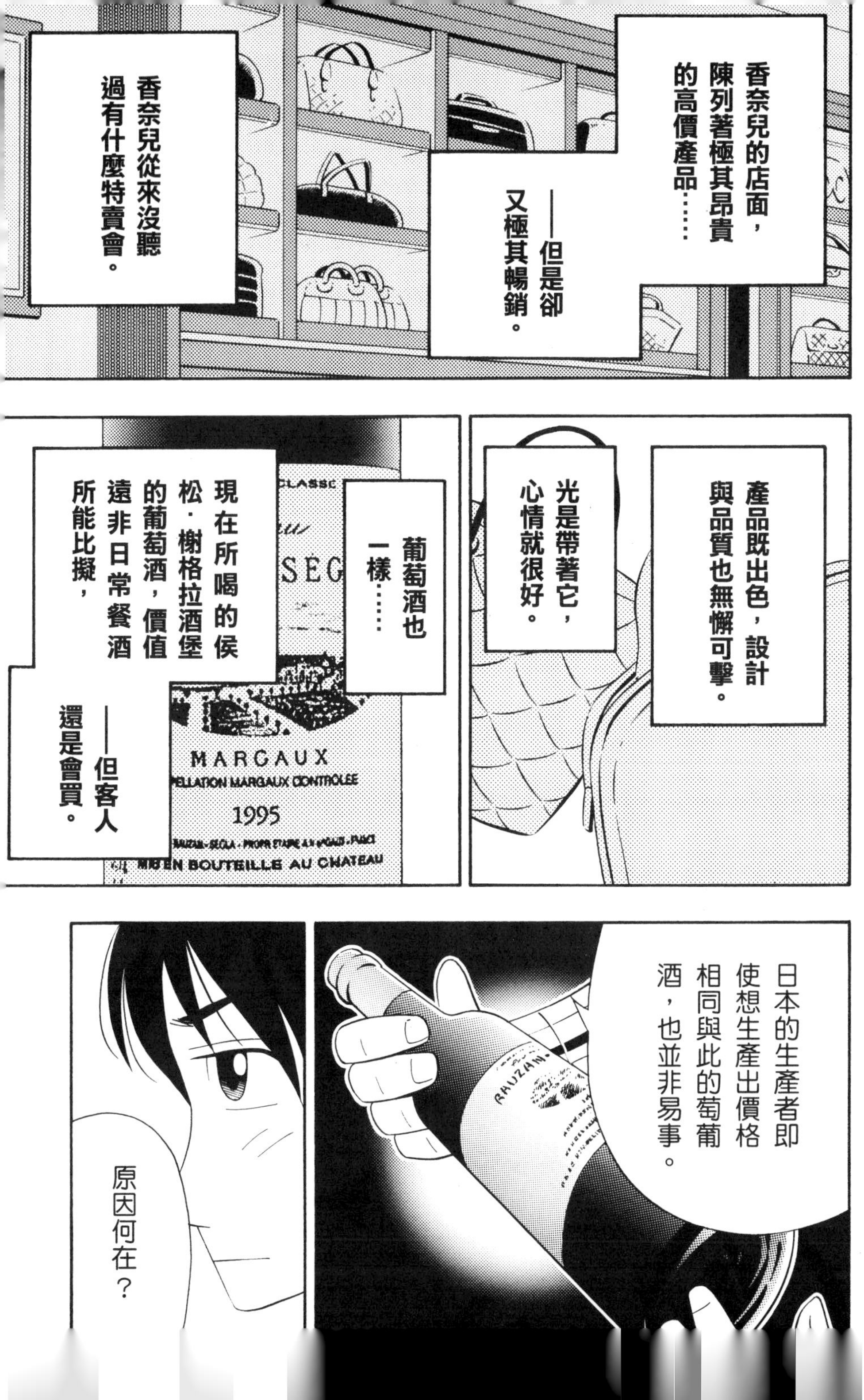
香奈兒的店面，陳列著極其昂貴的高價產品……
——但是卻又極其暢銷。
香奈兒從來沒聽過有什麼特賣會。
產品既出色，設計與品質也無懈可擊。
光是帶著它，心情就很好。
葡萄酒也一樣……
現在所喝的侯松．榭格拉酒堡的葡萄酒，價值遠非日常餐酒所能比擬，
——但客人還是會買。
MARGAUX
1995
日本的生產者即使想生產出價格相同與此的萄葡酒，也並非易事。
原因何在？

這種葡萄酒的美味，來自於波爾多瑪歌村的特殊土壤與氣候，以及悉心的栽培技術、
釀造方法所製作出來的……
昂貴卻依然暢銷的原因還不止於此，
可以說也是嘔心瀝血的不斷努力、提高品牌價值的結果。
和貴公司截然不同。
!!
把那麼有名的公司拿來比較，真是困擾，Hanna反正只是一家中小企業而已啊！
嘟嘴
看到妳的表情，我知道妳在想什麼。
但這家公司的態度，身為經營者的妳必須學學。

……
只要能減少賣剩的產品，經營就會變得輕鬆了啊……
但由紀小組……為什麼產品庫存會多到必須在特賣會處理掉呢？
那是因為不暢銷的產品太多了……
那為什麼會生產這麼多不暢銷的產品呢？
……
……
之前我和妳提過吧，因為妳沒有鎖定顧客的需求，所以才會不賣。
是……

我就明白的說吧！
之所以未能鎖定顧客需求，是因為妳和設計師缺乏自信，
因為沒有自信，才會增加產品種類與品牌。
妳們心想，如果哪個能夠押對寶就好了。
但這樣子消費者不可能會接受！
……產品一旦不賣，事業就無法持續運轉。
但若因為這樣而姑且增加品項，就會有賣剩的產品，造成庫存增加。
正色

我要徹底鎖定品項！
且還要提高【品牌價值】，
像香奈兒那樣！
沒錯！
妳以前不是說過，想做出能夠支持職業婦女的服飾嗎？
那就鎖定女性服飾，實現妳的夢想!!
是！

對不起，我真是個遲鈍的社長……，不，遲鈍的學生。

用語解說

【品牌價值】

英國認可把品牌價值計入資產負債表中，日本也正打算把它列入資產中。

品牌價值是看不見的現金製造機

安……安曇老師，
我剛才不小心自己說出「品牌價值」這個字……
那個……老師所認為的「品牌價值」的定義，可以告訴我嗎……
不好意思……
我呀……雖然身處時尚世界中，卻沒有好好了解品牌價值的意義……
大笨蛋
咳、
一言以蔽之，就是【看不見的現金製造機】

用語解說

【看不見的現金製造機】
如果有企業擁有品牌價值、商業模式、技術能力、人力資源等並未顯示在資產負債表上的資產（看不見的現金製造機），即使產品與其他同業相同，也可以賣得更貴、賣得更多。也就是說，這樣的差距可以提高股東價值。這將會成為把股票市值拉得比其他同業還高的力量。

以前安曇老師教過，固定資產是現金製造機。
看不見的現金製造機？
——這次他又說品牌價值是看不見的現金製造機。
有品牌價值的企業，和沒有品牌價值的企業相比，
即使產品相同，也可以賺取更多的現金。

固定資產之所以在資產負債表上具有身為資產的價值，是因為未來可以賺取現金。
而像Hanna的北海道工廠那樣變得無法賺取現金的話，就失去了身為資產的價值。
即使是看不見的品牌價值，只要有賺取現金的能力，計入資產負債表中的資產項下，也是極其理所當然。
HANNA
……可是，安曇老師，
要如何才能評鑑品牌價值呢？
這就要看名牌產品能夠比非名牌產品，
在將來多賺多少現金來評鑑。

假設非名牌產品可以賺到一億圓現金，

但如果因為是名牌，而可以在未來賺到兩億圓的話，

二者間品牌價值造成的差額就是一億圓。

但今天的一億圓與一年後的一億圓價值並不同，

一年後的現金伴隨著風險，應該看成價值比較少。

——因此再扣除風險求得的現值，就是品牌的價值。

何謂品牌價值？

品牌價值（看不見的現金製造機）

固定資產是因為未來能夠賺取現金，因此記為資產負債表裡的「資產」。品牌價值也一樣。

打造商業模式

對了，回顧妳的人生，是在哪裡遇見迪士尼人物的呢？
?!

呃……我記得最早是上幼稚園時，父親買給我的玩具吧……
在那之後，我多次觀賞迪士尼人物的動畫或由真人演員演出的電影。

小時候，我的房間有很多角色商品。
現在我也會在聖誕季節和朋友到東京迪士尼樂園去。

妳就在沒有特別意識之下，
購買了由單一一個角色所誕生出來的各種衍生商品。
不覺得很厲害嗎？
這是華特・迪士尼公司發明的**【商業模式】**。
商業模式
用語解說
【商業模式】
指用於賺錢的一套具體作法。
華特迪士尼公司不但出了漫畫與動漫，還不斷開發相關產品，拓展事業領域。
也就是找到一個可以利用同樣的人物在多種方式下賺取現金的機制。

賺錢的公司不但有出色的品牌價值，
也要有該公司自己的商業模式。
例如，佳能與愛普生等印表機製造商，都是壓低印表機本身的銷售價格，藉由墨水匣賺取利潤。
然而，Hanna卻沒有品牌價值，也沒有商業模式……
每個時期都只有一如往常，根據季節製作服飾銷售而已。
安曇老師說的「**看不見的現金製造機**」，可以為今後的Hanna帶來什變化呢？

首先！邊際利潤率會提升，
同樣的服飾可以賣更貴。
新產品會在發表的同時就被搶購一空。
燃燒！
燃燒！
不知不覺，侯松・榭格拉的葡萄酒已經喝光了。
由紀小姐
嗯？

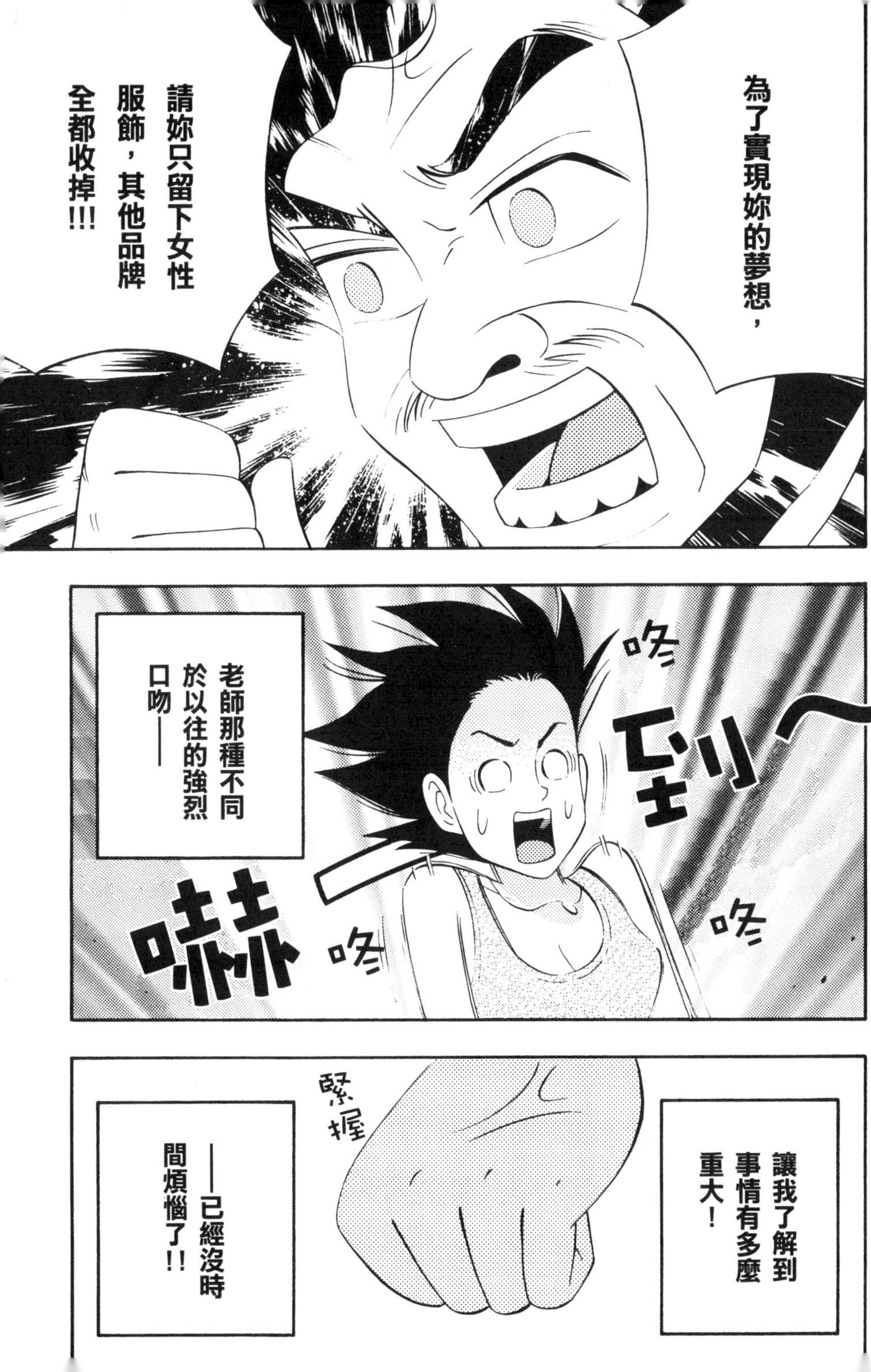
為了實現妳的夢想，
請妳只留下女性服飾，其他品牌全都收掉!!!
老師那種不同於以往的強烈口吻——
咚
到～
咚
嚇
咚
緊握
讓我了解到事情有多麼重大！
——已經沒時間煩惱了!!

那麼，接下來喝纖細的勃根地吧！
啊、
啊？
留下這句話，安曇再度跑到葡萄酒店去了。
躂
躂
躂

第7章 小心整形美女

～如何看穿美化的財務報表～

內幸町的中華餐廳

到葡萄酒餐廳用餐的隔天。
我集合全體高階幹部與管理人員，告訴他們只留下女性服飾與童裝，其他品牌全數結束。
原本很猶豫童裝要不要結束，結果之所以決定留下它，是我覺得
因為工作、小孩與家人，都是女性幸福所不可或缺的要素。
——當然
HANNA
以會計部主任齊藤為首的多數高階幹部，都提出猛烈的反對意見。
反對
我很堅持，決不讓步！

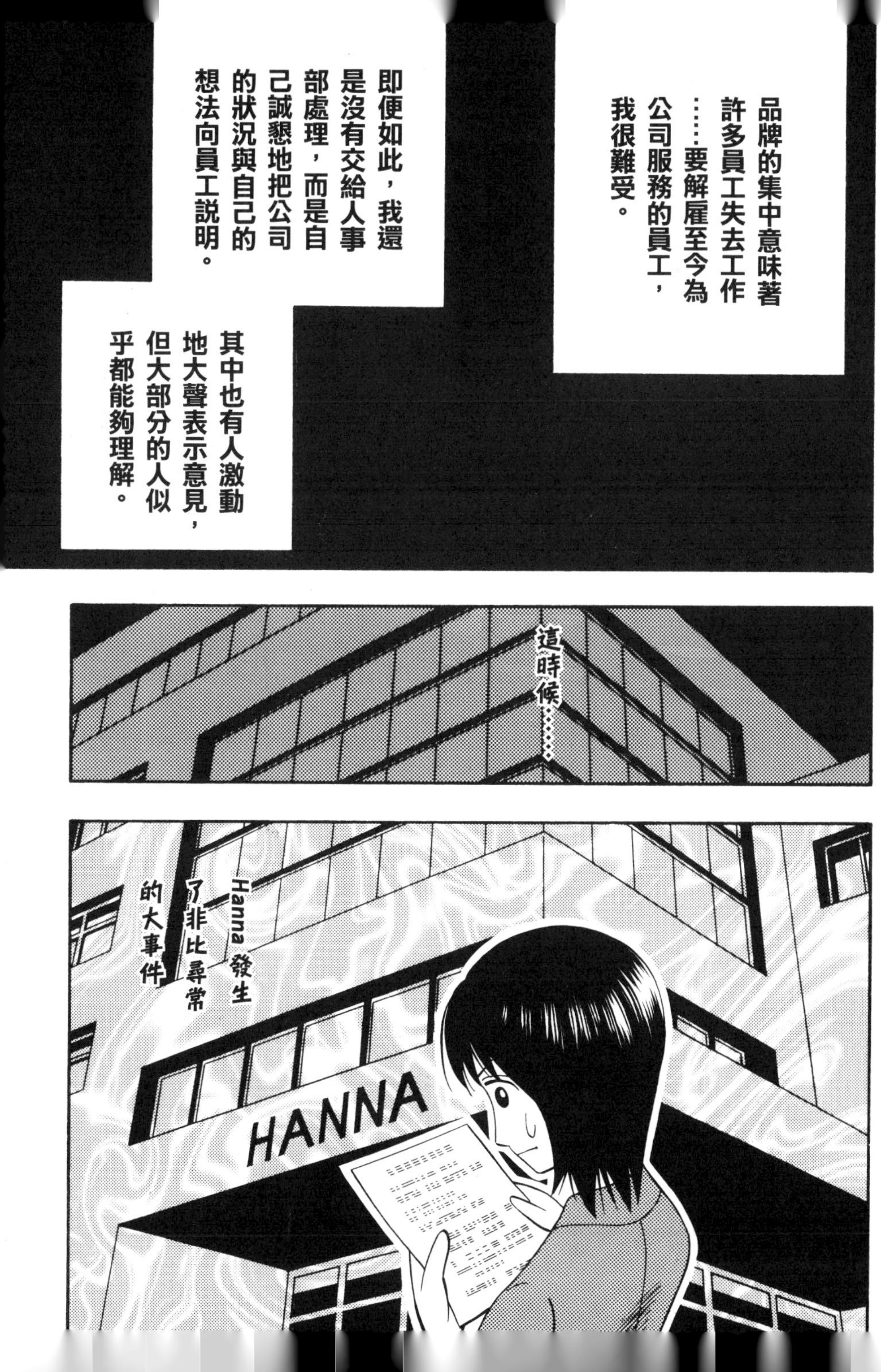
品牌的集中意味著許多員工失去工作……要解雇至今為公司服務的員工，我很難受。
即便如此，我還是沒有交給人事部處理，而是自己誠懇地把公司的狀況與自己的想法向員工説明。
其中也有人激動地大聲表示意見，但大部分的人似乎都能夠理解。
這時候……
Hanna發生了非比尋常的大事件
HANNA

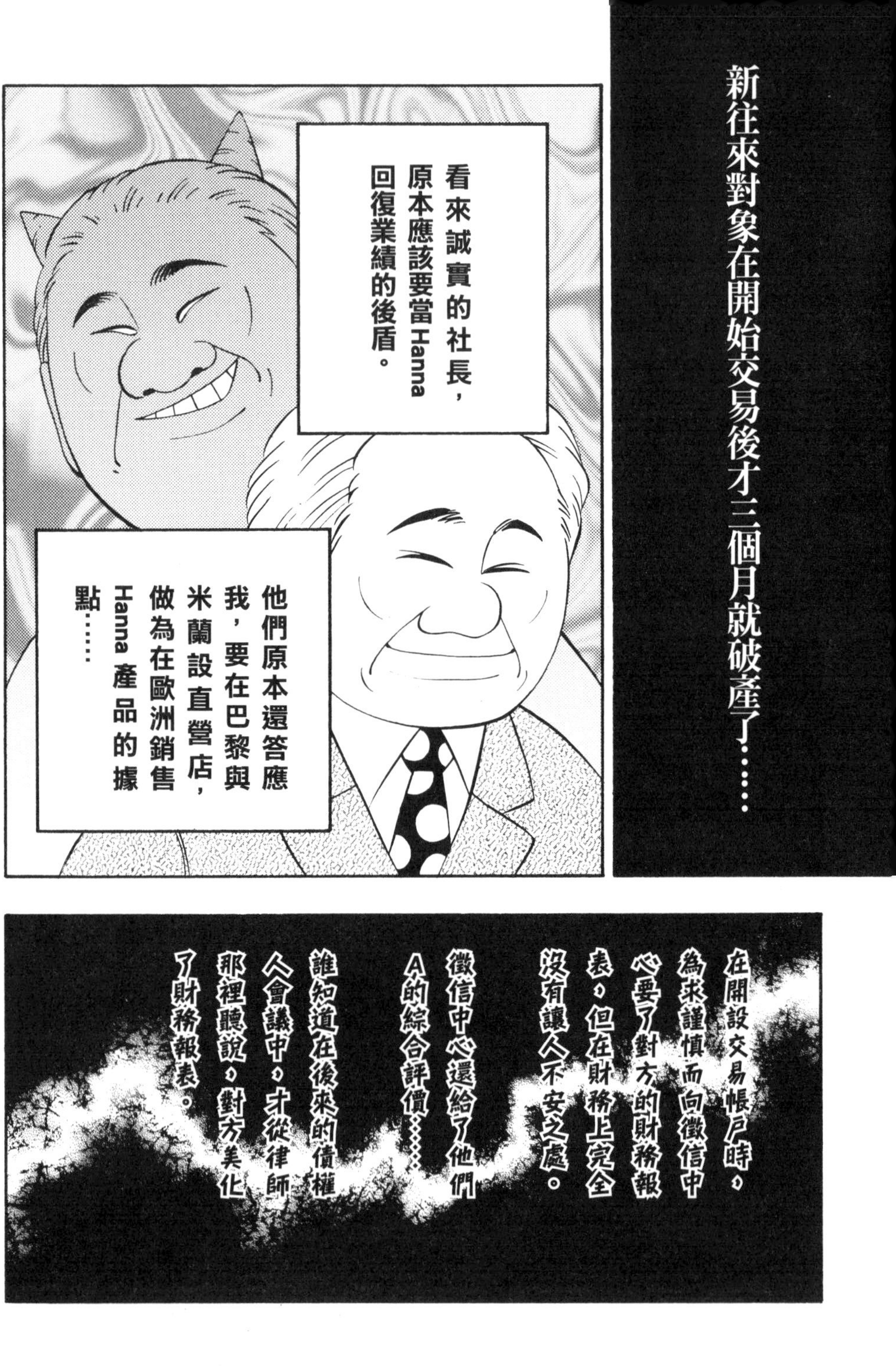
新往來對象在開始交易後才三個月就破產了……
看來誠實的社長，原本應該要當Hanna回復業績的後盾。
他們原本還答應我，要在巴黎與米蘭設直營店，做為在歐洲銷售Hanna 產品的據點……
在開設交易帳戶時，為求謹慎而向徵信中心要了對方的財務報表，但在財務上完全沒有讓人不安之處。
徵信中心還給了他們A的綜合評價……
誰知道在後來的債權人會議中，才從律師那裡聽說，對方美化了財務報表。

而知道這事件的會計部主任齊藤，相當苛責營業部主任櫻庭。
——櫻庭為負起責任馬上提出辭呈，但我並未受理。
美化後的財務報表，以齊藤為首的所有高階幹部都曾過目，財務顧問也分析過。
責任全都推在櫻庭一人身上，太不公平了。
因為這次的負面事件，我自行提出減薪兩個月。

此一決定馬上在員工間傳布開來。
社長
他們給了「新社長很了不起」的評價。
…不過
那時的由紀，一看到存摺……
餘額（圓）只剩一點（TT）
唉～……

——這次
安曇老師指定的地點是位於內幸町的廣東料理店。
廣東王
那豪華的玄關另一頭，就好像中國一樣。
愕然！
要找安曇先生的話，他已經到了。
請往這邊走。
啊！不好意思。

沒資格當經營者

貴公司似乎碰到詐欺了呢！
安曇老師已經得知這次的事件。
完完全全被騙了。
這是常有的事，沒什麼好失望。
惡質的公司常會以業績不好的公司為獵取的目標……
……
我向老師說明了對方詐騙 Hanna 的手法……

在幾次的現金交易後，大量下單。
營業部主任櫻庭喜孜孜地把產品出貨到指定倉庫。
但對方帶著產品潛逃，不知去向。
那位社長也失去了聯絡。
那家公司似乎是因為虧空，才會首次犯下詐欺行為。
那就錯了！
？
正派的經營者絕對不會有詐欺行為。
也就是說，妳沒有能夠看出那位社長是騙子，也沒有看出財務報表是美化過的。

……看了財務報表，
我原本以為沒有什麼問題……
妳還太嫩了！
如果無法看出財務報表經過美化，妳沒資格當經營者唷！
我無法反駁

看穿財報美化的方法

美化財報是違法的。
這次來教妳如何看穿財報美化過。
所謂的美化，就是假造未發生的交易，或是採用不被認同的會計處理方式，捏造利潤的詐欺行為。
對了，在看資產負債表時，妳會注意哪裡？
！

……在昨天的高階會議中，齊藤先生說……
在開始交易前就看穿虛構庫存與虛構應收帳款，應該就不會被人家詐欺了!!
他是這麼說的……
對方似乎在庫存與應收帳款上灌水。
至於對方如何誇大金額，公司裡沒人知道。
應該注意的是……
庫存和應收帳款吧？
說得對，這兩個是尤其要注意的科目。
資產負債表就是因為左右的合計金額會平衡，才叫做「Balance Sheet」。
如果透過某種方法，把左方的資產誇大到實際狀況以上，就可以讓右方的利潤看起來也增加那麼多。
資產負債表（B/S）
流動資產
負債
固定資產
資本
虛構庫存
虛構利潤
虛構應收帳款
這就是虛構利潤、美化財務報表的原理。

安曇老師
透過庫存美化財報，又是什麼樣的手法呢？
首先是在數量與單價上灌水。
事先在庫存帳上記上虛構產品，
或是竄改庫存帳數字，
藉此將數量灌水到實際以上。
然後還有一項是單價的操作，
只要把單價加倍，庫存金額就加倍。
這家店的北京烤鴨真是絕品呀
通常在庫存上動的手腳都是組合這兩種方式進行的。
庫存金額灌水多少，利潤就膨脹多少。

現在換我問妳了。
要想增加虛構的應收帳款，怎麼做才好？
……這個嘛
首先，捏造虛構的交易，
然後把賣不出去的庫存裝成已經賣掉，
或是提前記入下一期的銷貨收入。
沒錯！
除此之外還有嗎？
除此之外……
…
……強迫賣給子公司……
啊！！

那家公司的手法！
一臉老實樣的社長，假裝把產品賣給巴黎和米蘭的子公司。
不只如此，他們一定又以原本的價格買回賣掉的產品，然後再賣掉！
交易只在紙上進行，產品一直都保管在倉庫中沒有動。
把同樣的產品在母公司和子公司間買買賣賣，藉以累積銷貨收入與利潤。
結果就是應收帳款與庫存金額都膨脹了。
差不多是這樣吧！

那麼，由紀小姐
庫存與應收帳款外，妳還有沒有想到什麼美化的手法？
庫存與應收帳款外的手法……
……！
我記得……把交際費用先的業務部員工，會以暫付款先做處理，等到下一期再精算為交際費……
也就是說，要增加本期的利潤，就把本期的費用改到下期支付就行了就是這種手法！
只要把費用當成暫付款，當期利潤就可以灌水那麼多！
正是如此

金額突然大增或大減的科目要注意

美化的手法我已經懂了。……可是
從應收帳款或庫存很多來看，也不能說那家公司就一定是美化財報……

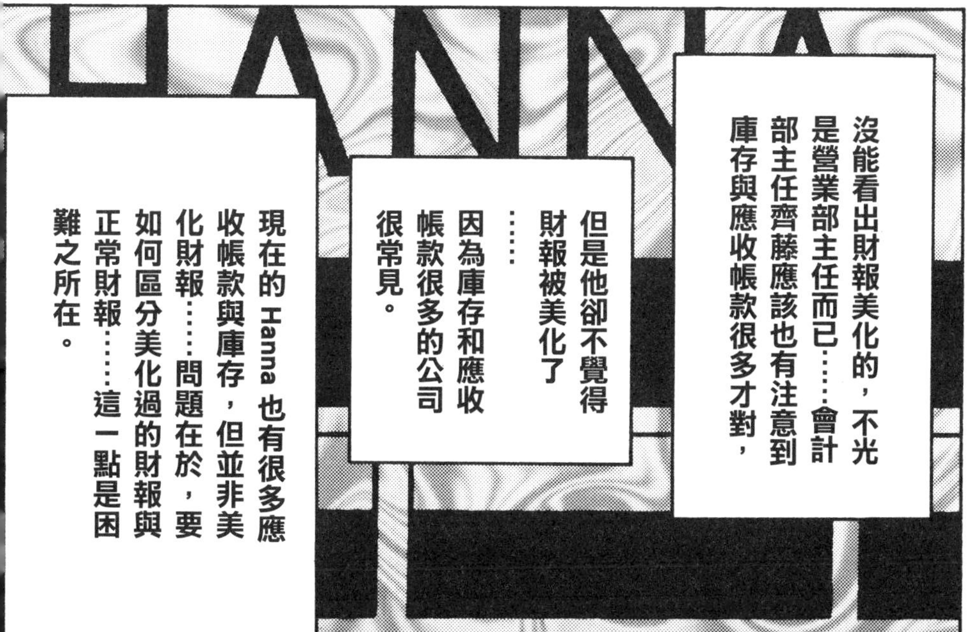
沒能看出財報美化的，不光是營業部主任而已……會計部主任齊藤應該也有注意到庫存與應收帳款很多才對，
但是他卻不覺得財報被美化了……因為庫存和應收帳款很多的公司很常見。
現在的 Hanna 也有很多應收帳款與庫存，但並非美化財報……問題在於，要如何區分美化過的財報與正常財報……這一點是困難之所在。

安曇老師
光是看財務報表，可以看出經過美化嗎？
會計的專家就能看得出來。
真的嗎？
嗯……不過需要一些工夫。
首先是比較，
把三期的資產負債表科目橫向並排在一起，
此時要注意的是，金額突然大增或大減的科目。
大幅變動的背後，一定有什麼原因，必須去調查為什麼。
另一個重點是會計科目，

庫存（材料、在製品、產品、商品）、應收帳款、暫付款、遞延資產等等，容易被拿來美化，因此要多注意。
還有，損益表也一樣，把三期的會計科目拿來並列，
尤其要注意不熟悉的會計科目。
寫～
寫～
如果出現「事業再生費用提列損失」，或是「某某提列金迴轉利益」等科目，就要注意。
此外，也可能把出售所保有的公司股票（庫藏股）或土地的收入混入銷貨收入中。
銷貨收入如果急增，要問對方原因。
寫～
寫～
再來，獲利率的變化也要注意。
獲利率突然變好那一年，要看成是發生某種特別的事。
寫～
寫～
寫～
寫～

但最最重要的是，要直接和經營者交談，看看他們公司的營業所或工廠。
也就是百聞不如一見。

冒煙～
冒煙～
資訊處理中……

使用庫存美化有如吸毒

問妳一個問題。
只要使用庫存美化過一次財報，隔年很容易做更多的美化，
妳知道這是為什麼嗎？
？
沒學過簿記的由紀，完全搞不懂邏輯。
不好意思……請教我……
沒關係，我會簡單說明的。

產品庫存一旦多算，就等於把當月費用（銷貨成本）的一部分改為次月支付相同的意思。

其結果是，當期利潤也多算了那麼多。

美化行為會不斷呈螺旋狀攀升

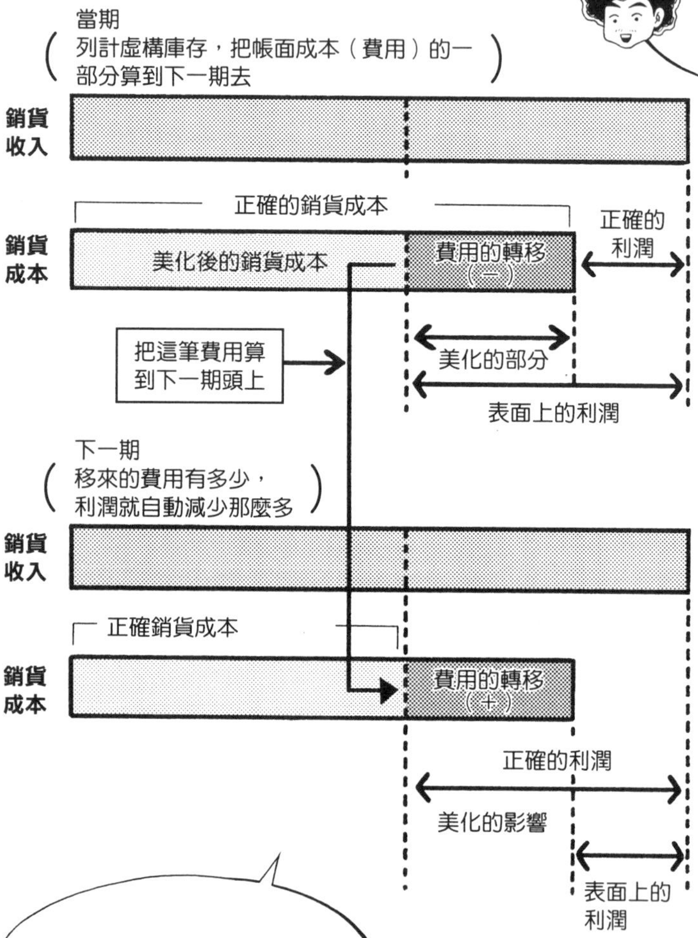

然而，隔月的費用也會增加那麼多，因此利潤會自動變少。

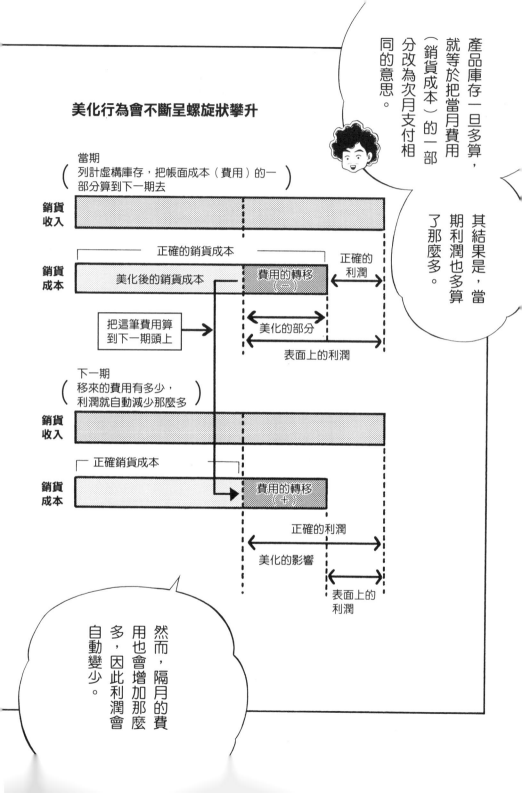

使用庫存操作利潤的原理，就是把當期費用（銷貨成本）當成資產（產品），記到下一期的頭上去。
被轉換到下一期去的資產（產品）會變成下一期的費用（銷貨成本），因此費用會增加，利潤也會減少那麼多。
也就是說，運用庫存的美化，等於是在利潤上「寅吃卯糧」的行為。
只要操作庫存美化過，下一期的利潤就會減少那麼多……
因此，下一期也容易訴諸大規模的庫存操作。
因此庫存金額每年大幅增加的公司，要多加注意。
好像吸毒一樣呢！
正是如此！
使用庫存的美化方式如果置之不理，未來會有公司破產的惡夢等在前方。

由紀小姐
請用一句話來表達今天學到的東西。
嗯～
「要注意美化的財報！」
這樣嗎？
「要小心整形美女！」
會比較好吧！

第8章 愈煞風景的工廠愈賺錢

神田的蕎麥麵店

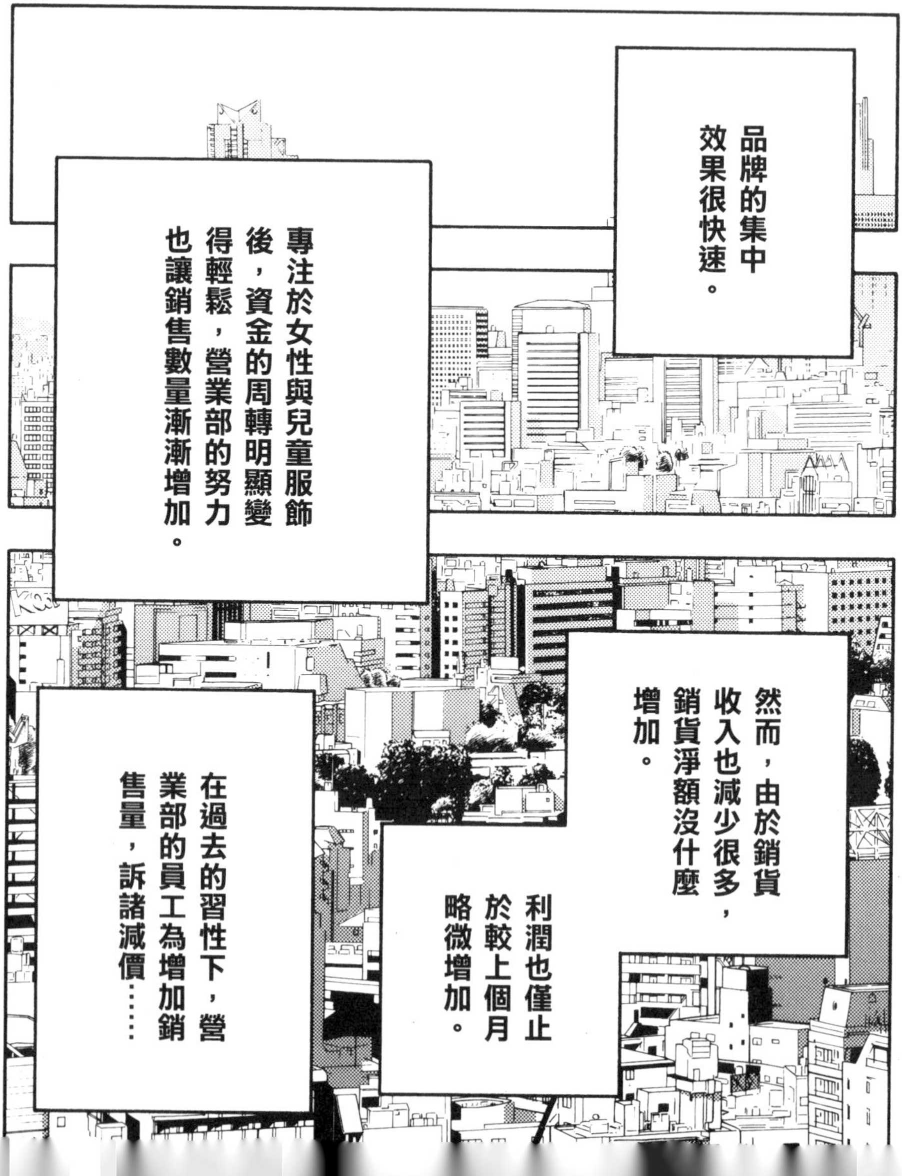
品牌的集中效果很快速。
專注於女性與兒童服飾後，資金的周轉明顯變得輕鬆，營業部的努力也讓銷售數量漸漸增加。
然而，由於銷貨收入也減少很多，銷貨淨額沒什麼增加。
利潤也僅止於較上個月略微增加。
在過去的習性下，營業部的員工為增加銷售量，訴諸減價……

營業部主任櫻庭雖然希望售價可以再降，但如果再降下去，反而會變成虧損。
在幹部會議中製造部林田的發言，
要增加利潤，唯有降低產品成本一途！
我也深有同感。
品牌力的養成需要時間，但產品成本的刪減卻是立竿見影。
問題在於，要如何刪減產品成本……
我懷抱著這樣的煩惱，前往安曇老師指定、位於神田的蕎麥麵店去。

蕎麥麵
嘎
啦
!

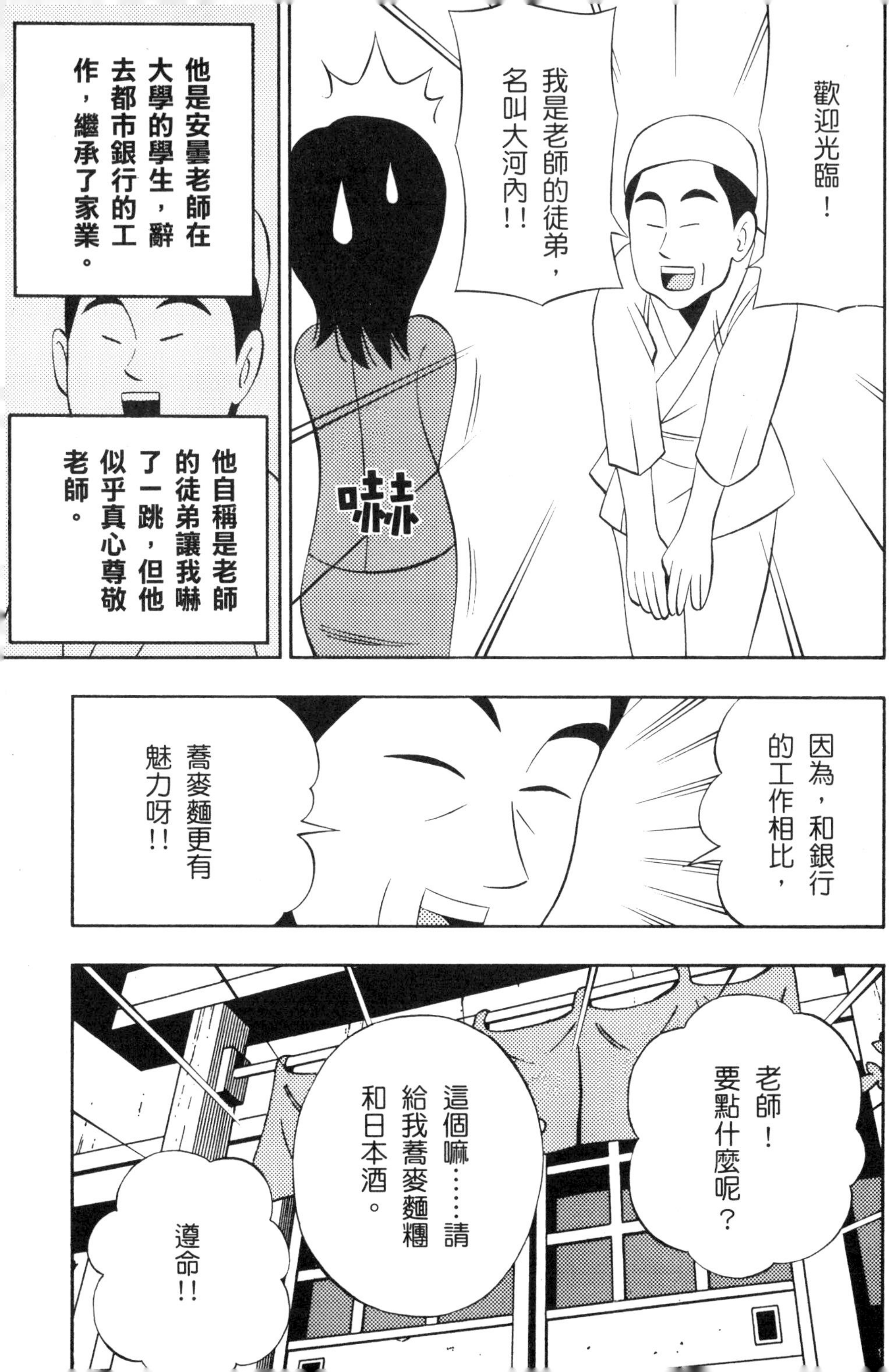
歡迎光臨！
我是老師的徒弟，名叫大河內!!
嚇
他是安曇老師在大學的學生，辭去都市銀行的工作，繼承了家業。
他自稱是老師的徒弟讓我嚇了一跳，但他似乎真心尊敬老師。
因為，和銀行的工作相比，
蕎麥麵更有魅力呀!!
老師！要點什麼呢？
這個嘛……請給我蕎麥麵糰和日本酒。
遵命!!

由紀小姐
好吃的蕎麥麵是把嚴選過後、只取一天份量的蕎麥粒以石臼研磨，耗費充分時間做成麵糰，
一有人下單，就迅速水煮，小心翼翼地以水洗過，
不會先做起來放著……麵糰用光的話，就打烊。
一流的蕎麥麵店不會浪費。
這可說是生產現場的普遍真理！
只要去看廚房，就一目瞭然！
亮晶晶
亮晶晶
所有器具都擦得亮晶晶、排得整整齊齊，
廚房裡決不放任何多餘的東西!!

蕎麥
這家店自創業以來已持續百年以上，
也就是金流在這一百年間不斷迴轉……
這也證明了這家店的成本管理很出色。
今天來談成本計算吧。
妳應該也差不多要關心成本了呢。
煩惱被老師看出來了!!
老師!!
你怎麼知道我今天要問什麼啊?!!

經營如果光靠資產負債表、損益表與現金流量表，有其界限存在…
價值的泉源最後還是來自於生產現場。
妳會關心在工廠生產的產品成本，也是理所當然的。
原……原來如此

降低產品成本

安曇老師……我不知該怎麼降低產品成本。
不好意思，請教我方法。
要降低成本，必須先知道決定產品成本的要素。
重點有以下三項：
①工廠維持費
②材料費
③生產速度
只要減少工廠維持費（固定費用）與材料費（變動費用），再提高生產速度，產品成本就會下降。

減少工廠維持費

來看看怎麼減少工廠的維持費吧！
首先，可透過預算的管理降低發生費用。
依照電費、消耗品費、加班費等等科目別設預算，把發生費用控制在預算以下。
具體而言，像是限制不必要的加班、
隨手關電源，
以及徹底消除大量使用消耗品的浪費行為。
ON
OFF
但光靠這種方法，不會有太大的效果。
因為工廠維持費原本就是固定費用。
確實如老師所言

……可是
安曇老師
如果硬要把費用減少，應該不會發生什麼問題吧？
隨便做這樣的事，會帶來意想不到的影響。
因為，要維持目前的生產，就必須保有目前的人力與機器。
那種作法是無法解決的唷！
是……不好意思。

將工廠的活動可視化

安曇老師
難道沒有更棒、更大膽的方法可以減少維持費嗎？
在那之前，我有件事要問妳。工廠到底是做什麼的地方？
工廠是……
在交貨期之前根據接到的訂單生產產品的地方。
只要妳這種想法不去除，產品成本絕對降不下來。
欸?!

工廠不是把產品當成「物品」生產的地方。
工廠是把產品當成有價值的東西來生產的場所。
然而，作業員或機器設備未必永遠都在從事有價值的活動。
例如，作業員有時候會因為材料欠缺或機器故障等原因而間在一旁。
這種時間（等待時間）很浪費……修改不良品的時間也很浪費。
但作業員有一種錯覺，把修改的作業當成是讓不良品復活成為產品的重要工作。
有些機器會因為沒有訂單，變成偶爾才運轉，
這段停止運轉的時間真的很浪費!!

這些不產生價值的活動，全都要視為浪費。
由紀小姐，妳有什麼看法？
……我一直以為「工廠」是生產產品的地方……
但正如安曇老師所指出的，如果以「工廠」是創造價值的場所的角度來思考，看法會大大改變。
公司為作業員與機器支付了現金……
如果他們從事的是沒有價值的活動，等於是把現金浪費掉了。
只要浪費的活動變少、只從事有價值的活動，應該可以減少作業員與機器數目，
也就是工廠維持費可以減少。
HANNA

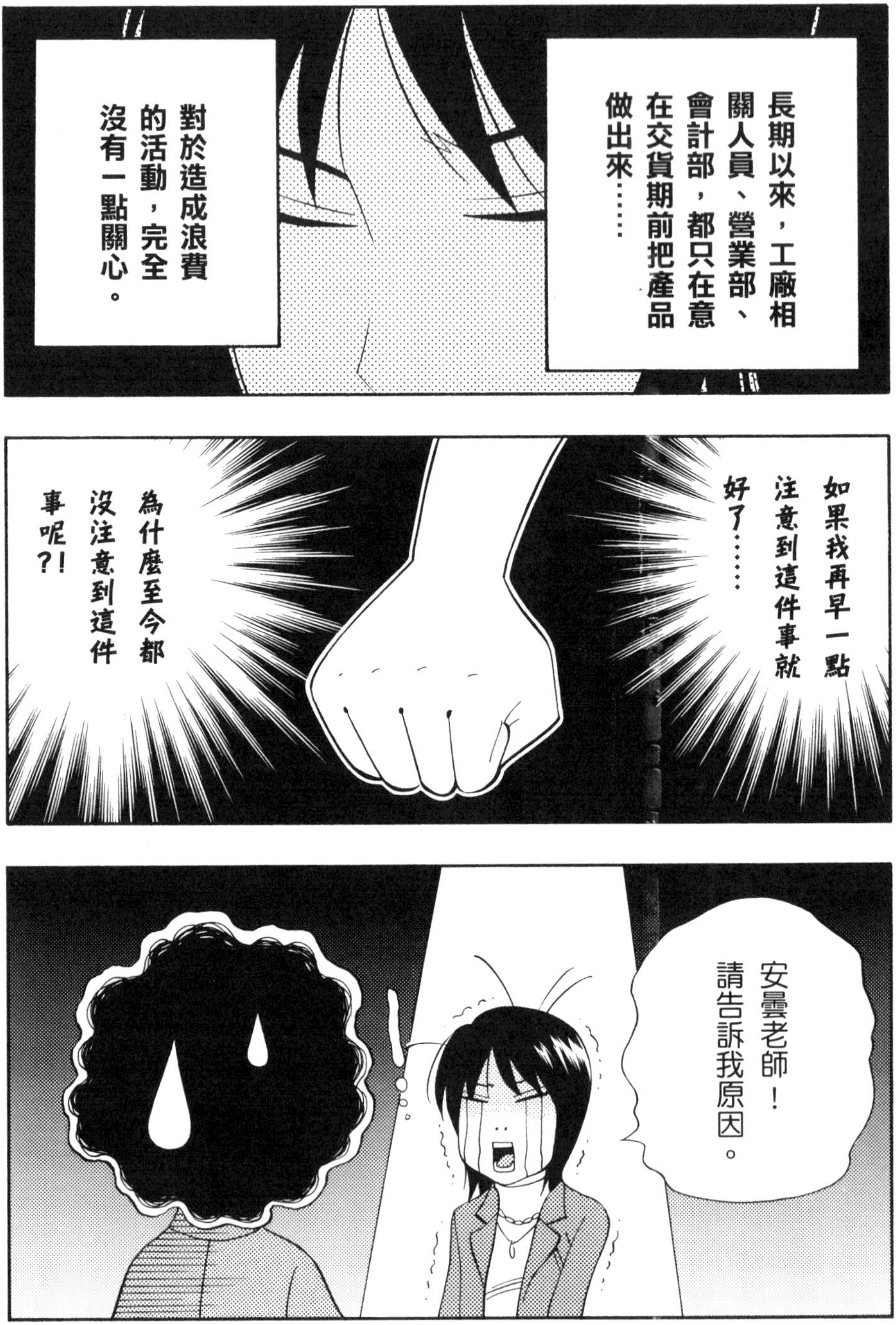
長期以來，工廠相關人員、營業部、會計部，都只在意在交貨期前把產品做出來……
對於造成浪費的活動，完全沒有一點關心。
如果我再早一點注意到這件事就好了……
為什麼至今都沒注意到這件事呢?!
安曇老師！請告訴我原因。

所謂的可視化就是異常之處會映入眼簾的狀態

因為，浪費是看不見的。
由於它看不見，妳才會不知道它有多嚴重。
浪費是看不見……
的嗎？
雖然看得到在工廠裡拼命工作的作業員模樣，
浪費？
卻看不出他們從事的活動到底是不是浪費。
安曇老師那怎樣才算看得見呢？
一言以蔽之，就是以會計方式數值化，讓異常之處能夠映入眼簾的狀態。

那可能做得到嗎？
當然呀！
好開心♡
哈哈哈
哇哈～
把工廠雜亂的實際狀況轉換為會計數值，而且還可以一目瞭然看出浪費的活動♪
要看出浪費，需要用到【新會計手法】，
我就套用到Hanna公司說明吧。
鞠躬
好！拜託您了!!
用語解說
【新會計手法】作業基礎成本的計算是代表性的手法之一。

砰！
由紀筆記本
正色～
首先，要制定可視化的規則，
先決定想要管理的活動。
例如，裁切布料、縫製衣服、檢查衣服、手工修改、開會等等。
接著，判定該活動是否屬於有價值之活動。
寫～
寫～
寫～
寫～
寫～
有價值的活動以藍色表示，無價值的以紅色表示。
縫製是有價值的活動（藍色），但手工修改沒有價值（紅色），到此為止是準備作業。
把用於各活動的實際時間加總起來……然後把實際時間乘上單價換算為成本。

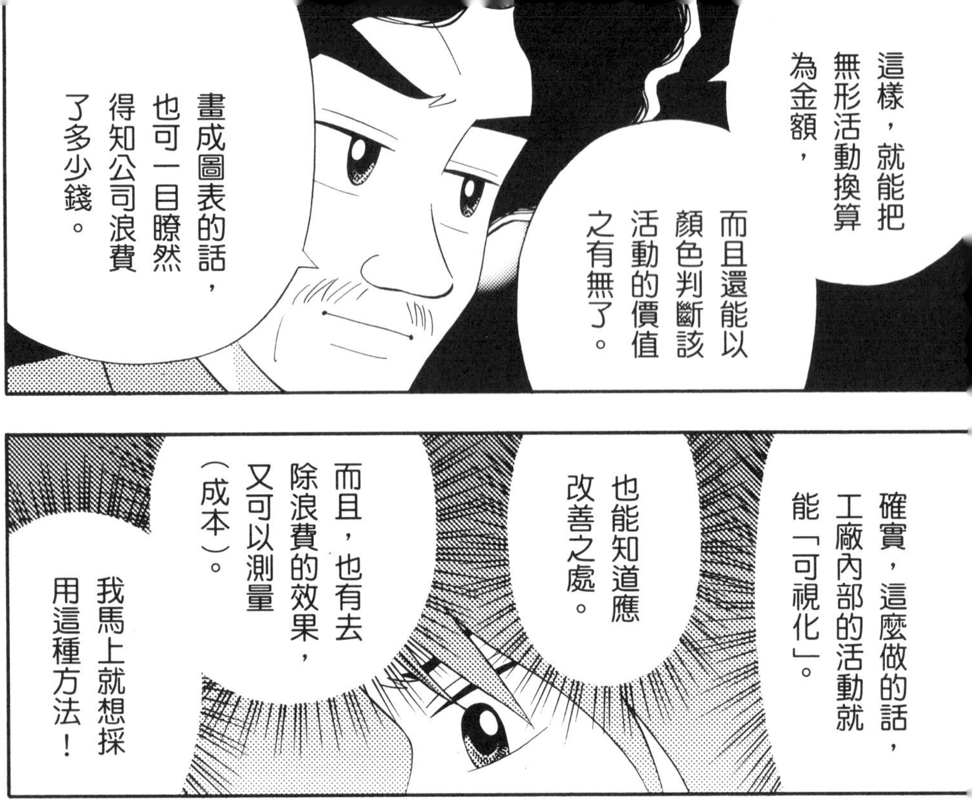
這樣，就能把無形活動換算為金額，
而且還能以顏色判斷該活動的價值之有無了。
畫成圖表的話，也可一目瞭然得知公司浪費了多少錢。
確實，這麼做的話，工廠內部的活動就能「可視化」。
也能知道應改善之處。
而且，也有去除浪費的效果，又可以測量（成本）。
我馬上就想採用這種方法！

縫製作業的維持費用

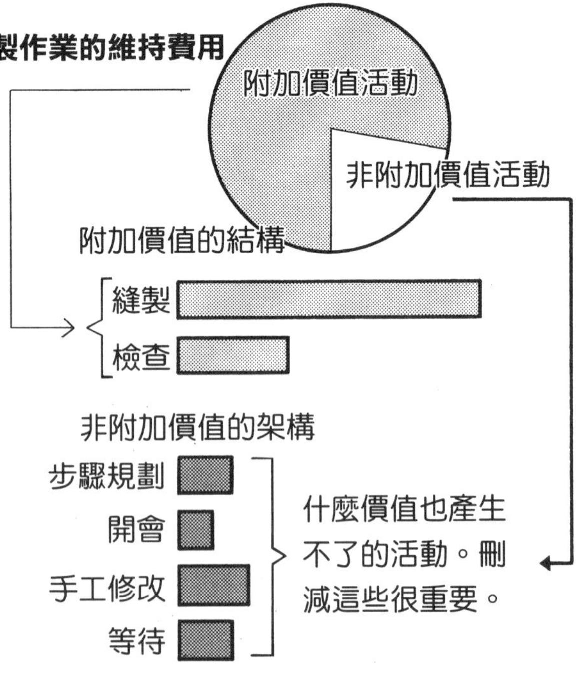
附加價值活動
非附加價值活動
附加價值的結構
縫製
檢查
非附加價值的架構
步驟規劃
開會
手工修改
等待
什麼價值也產生不了的活動。刪減這些很重要。

以金額呈現縫製作業中的活動，再根據附加價值之有無依顏色區分。這樣，就能看到至今未能看到的工廠實際狀況了。

減少材料費

接著來想想材料費的刪減方法。
產品成本的大部分都是材料費。
妳有想到什麼好點子嗎？
可以和材料供應商交涉價格。
妳只想到這樣嗎？
……
拿一公尺的布料取用多件衣服所需的部位，改變服飾的材料費。
妳說的是──
降低進貨單價、不浪費地使用布料……
除此之外還有什麼呢？
？
我想……就這樣了吧……

妳們公司有更龐大的浪費存在，
就是用到剩下的材料庫存。
確實，倉庫與製造現場都散亂著布料或配件。
用到剩下的材料庫存……
那樣的庫存到底是……
！
原來啊！
特別下單的多餘布料以及配件等等，今後不會再把它們拿來當成其他產品的材料。
散亂著的是裁切與縫製的不良品。
它們是已完成的產品應該負擔的材料費！

再者，在沒有人下指示之下，不必要的庫存之所以增加，是因為在採購布料或配件時，大量採購會比較便宜
由於預期會經常需要裁切以及出現沒有縫好的情形，因此總是多買一些！
──工廠整體的材料費很高的原因已經弄清楚了。
全都是因為工廠沒有控管好，才造成的影響。
材料只買需要的，減少不良品，不生產必要數字以上的產品。
如果這些事項都能達成，我想材料費可以下降！
妳的想法很好！妳也略有進步了呢！
啊～真難得被人誇獎。

加快生產速度

最後是生產速度。
工廠的維持費用是固定費用，因此生產一件或一萬件所需費用都不變。
多生產的話，每件產品的維持費會變少。
無論裁切作業或縫製作業，
生產件數增加愈多，生產成本就會下降，對吧？
欸?!
那就是重點了！
我來舉例說明……
裁切作業的生產能力假設是縫製作業的兩倍，
在成本計算上，各別作業生產愈多產品成本愈下跌，
但這樣的計算結果在經營上卻是錯的！

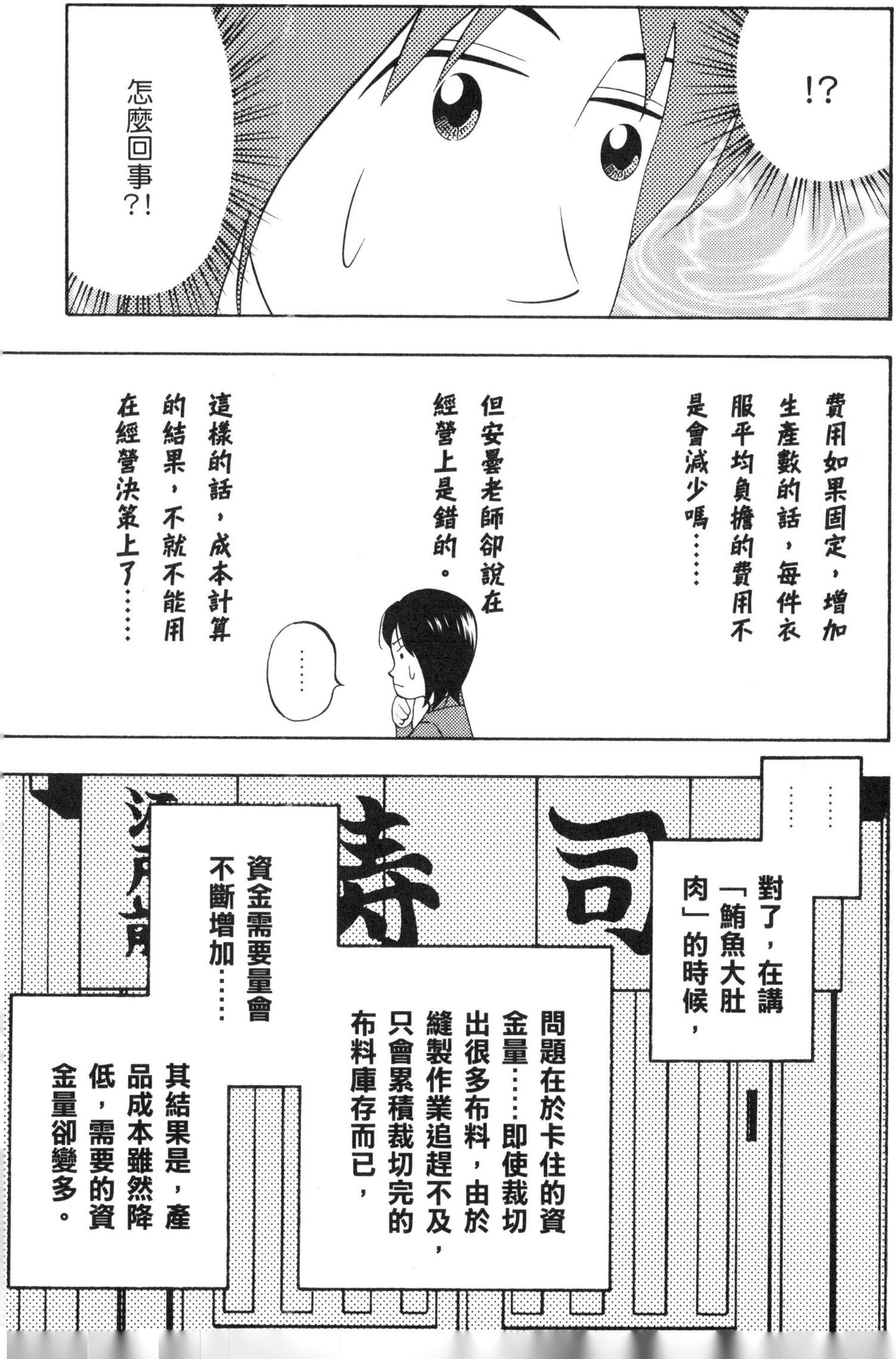
!?
怎麼回事?!
費用如果固定，增加生產數的話，每件衣服平均負擔的費用不是會減少嗎……
但安曇老師卻說在經營上是錯的。
這樣的話，成本計算的結果，不就不能用在經營決策上了……
……
……
……
對了，在講「鮪魚大肚肉」的時候，
問題在於卡住的資金量……即使裁切出很多布料，由於縫製作業追趕不及，只會累積裁切完的布料庫存而已，
資金需要量會不斷增加……
其結果是，產品成本雖然降低，需要的資金量卻變多。

安曇老師
會不會是計算方法上有什麼錯誤呢？
好問題！
正如妳所想的，應該看成即使增加各作業的生產量，產品成本也不會降低。
計算結果為何會變成這樣呢？
原因在於產品成本的計算方式有錯。
針對 Hanna 的會計部，安曇否定了成本計算方式。
安曇為何否定成本計算方式
不只 Hanna 公司而已，只要使用傳統的成本計算方式，全都會變成這種奇怪的計算結果。
應該以「生產前置時間」為基準，計算產品的成本。

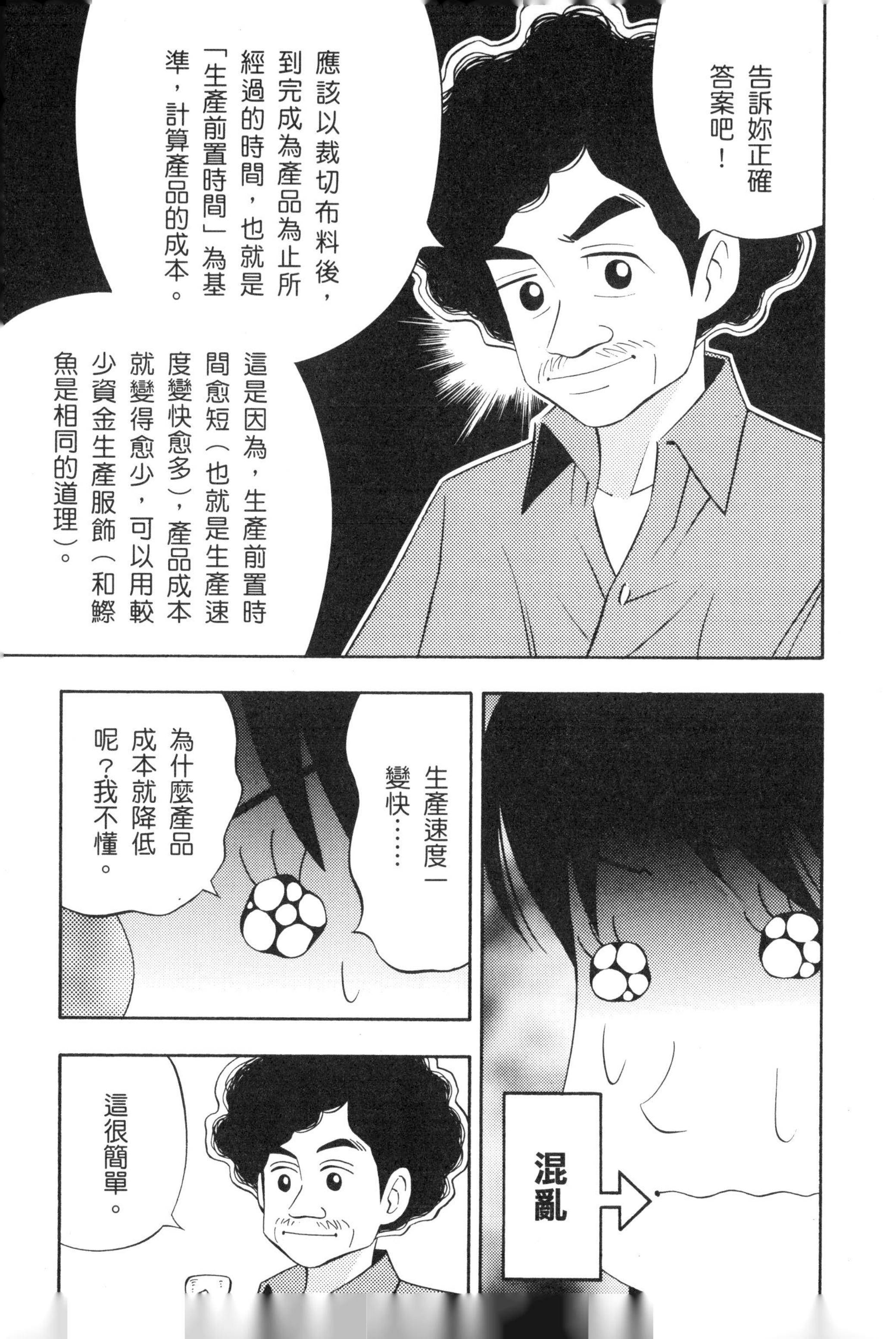
告訴妳正確答案吧！
應該以裁切布料後，到完成為產品為止所經過的時間，也就是「生產前置時間」為基準，計算產品的成本。
這是因為，生產前置時間愈短（也就是生產速度變快愈多），產品成本就變得愈少，可以用較少資金生產服飾（和鰶魚是相同的道理）。
混亂
生產速度一變快……
為什麼產品成本就降低呢？我不懂。
這很簡單。

比如說，現在假設在下大雨，
但妳沒有傘。
妳是要走回家、跑回家，還是要在雨中一動也不動呢？
當然是跑回家呀！
如果不想淋濕，跑是最好的。
把場景轉換到成本計算中，只要當成工廠裡正在下一場叫做「維持費」的雨就行了。
在雨中，人跑得愈快，淋濕得愈少。
同樣的，材料通過工廠的速度愈快（前置時間愈短），維持費愈低。
安曇在由紀的筆記本上畫了圖。
再以另一種觀點說明吧！

應該使用的成本計算方式是，在裁切作業中裁好大量布料後，如果一到縫製作業就卡住的話，成本就要不斷追加下去！

在產品檢核時發現異狀，致使延後完成時，產品成本也必須多算。

提高生產速度可使成本降低

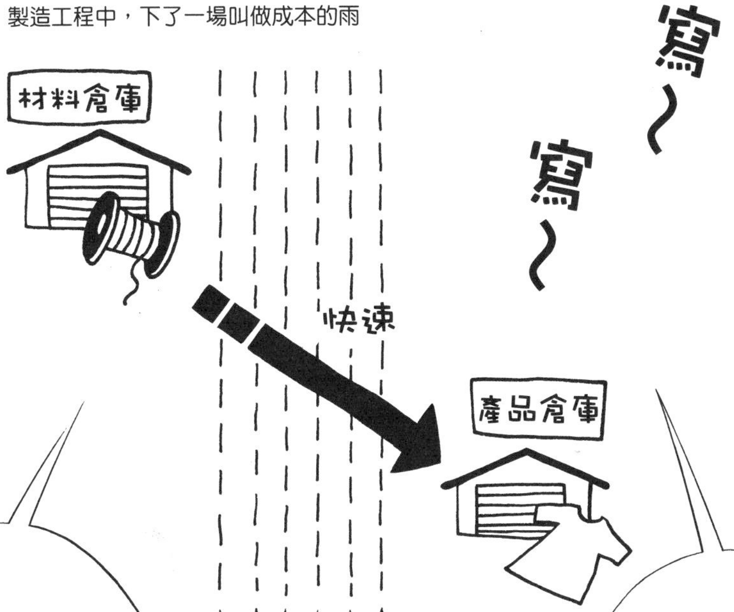

這不光是因為使用了這麼多的工廠維持費而已，

也是因為經營者可以藉由產品成本的多寡做為切入點，察知工廠內部發生的異狀。

因此，工廠維持費必須以生產速度（生產前置時間）為基準，交由產品成本來負擔才對。

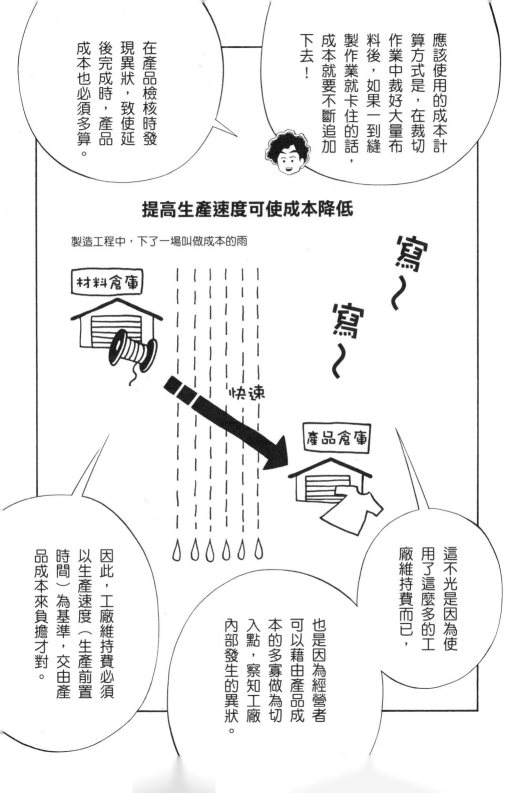

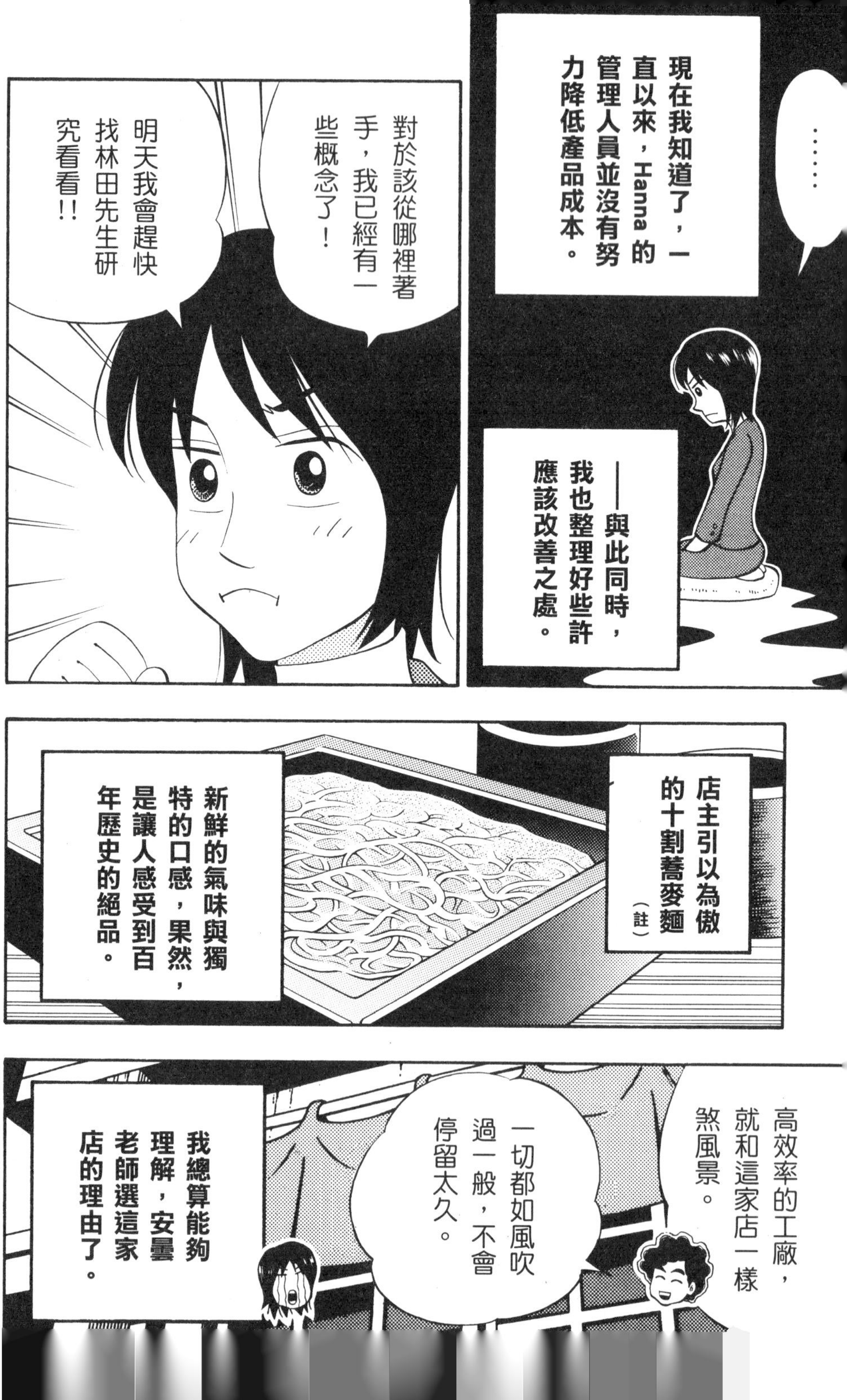
……
現在我知道了，一直以來，Hanna的管理人員並沒有努力降低產品成本。
——與此同時，我也整理好些許應該改善之處。
對於該從哪裡著手，我已經有一些概念了！
明天我會趕快找林田先生研究看看!!
店主引以為傲的十割蕎麥麵（註）
新鮮的氣味與獨特的口感，果然，是讓人感受到百年歷史的絕品。
高效率的工廠，就和這家店一樣煞風景。
一切都如風吹過一般，不會停留太久。
我總算能夠理解，安曇老師選這家店的理由了。

譯註：不加其他穀粉，完全以蕎麥粉製作而成。十割是十成的意思。

第9章

決斷——前進還是後退

～機會成本與決策～

降低成本的三個提案

——隔天
我找來製造部主任林田，和他商量今後的成本計算方針。
至今曾幾次嘗試計算成本，但總是在員工反彈下失敗。
但這次是全公司總動員，一定要讓它成功!!

於是，當天下午召開了幹部會議。
由生產管理部主任大森提出三項大幅降低產品成本的方法。

第一是關掉富山工廠，將生產據點移往中國。

生產部門的部分員工移轉至新公司，只要在中國成立子公司，就能穩定供應便宜產品（**進軍中國案**）。

第二是同樣關閉富山工廠，完全委由中國企業生產。

若採用該案，Hanna 就只要企劃與銷售部門，不需要生產部門了（**生產委託案**）。

而最後一案是保留自家的所有工廠，積極活用與其他公司的合作（**外包工廠積極活用案**）。

客戶追加下單時，效果尤其好!!

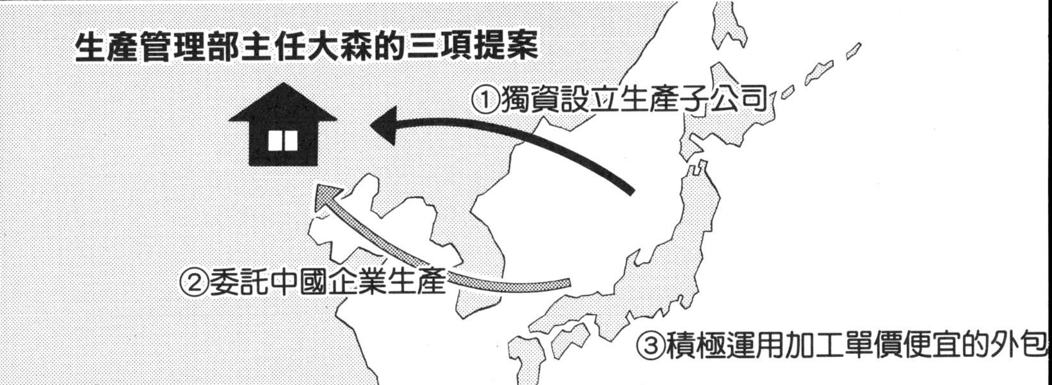
生產管理部主任大森的三項提案
①獨資設立生產子公司
②委託中國企業生產
③積極運用加工單價便宜的外包

製造部主任林田完全否定這三項提案。
照著和我原本談好的，他主張先專心提升富山工廠的生產力。
工廠尚有改善餘地，絕對應該避開前進中國的風險!!
社長
針對大森君的提案，請身為管理最高負責人的社長下指示。
會計部主任齊藤這種故意的語氣……
嗚嗚……
不甘心~
我又碰到難題了……

位於神樂坂的葡萄酒餐廳

請給我
香波·蜜思妮。
好的。
高尚細膩的勃根地紅酒，
微微散發出果實的氣味，是很好喝的萄葡酒唷！
……
……
由紀小姐？
!!

用語解說

【機會成本】
有兩個以上的選項，如果選了沒有中選的替代案時，推估可能獲得的利益。

齊藤先生想說的是，如果不前進中國，公司會產生機會成本。
那妳怎麼回答他呢？
……
我只說，請給我時間而已……
……
——由紀不懂機會成本的意義，
也對齊藤揶揄般的忠告感到不愉快……
由紀喝了一口香波・蜜思妮紅酒……
她覺得，那種細膩而優雅的氣味與口感，平撫了自己高亢的情緒。

經營者的工作是把機會成本最小化

對了，妳買過股票嗎？
欸？
我不買股票，但我媽很喜歡……
令堂買股票賺錢嗎？
沒有，
她一年到頭都在抱怨，說當時應該買那檔股，或是不該賣掉這檔股之類的。
妳母親是在懊悔機會成本。
這也是機會成本嗎？

正是如此！
假設購買其他股票的話，可能獲得的增值利益，就是機會成本。
反之，賣股時也是，在持續持有該股票時，可能獲得的利益，就是機會成本。
所謂的機會成本……是經營上需要的概念嗎？
可以說是經營上最重要的概念。
經營者的工作就是把機會成本最小化！
這種想法和至今學到的概念不同……
想要知道更具體的內容。
安曇老師

如果機會成本管理不當，公司會發生什麼事呢？
這個嘛……我把擔任半導體企業顧問時的事講給妳聽吧……
那時候，半導體價格大跌，那家公司的業績惡化了。
但如果因而對投資新設備遲疑的話，很明顯會被韓國或台灣廠商瓜分訂單。
我試著說服社長「現在正該賭上勝負」，但社長他決定延後投資。
趁著這個空檔，韓國的競爭企業投注了五千億圓以上在研發與新世代半導體的設備上。

結果，我客戶的市占率一口氣被搶走，
實際的機會成本，比社長他預計的金額還要大很多。
這和妳母親未能買到的股票後來又漲的道理是相同的。
經營上最重要的概念就是機會成本。
我懂了!!

進軍中國案

我完全看不出來在中國設立生產子公司一案到底合理與否。
在中國設立子公司的好處，本來就不清楚。
生產管理部主任大森説，中國人工便宜，因此比在日本生產便宜得多。
但考量到初期的投資資金，我無法判斷到底是否有利。
由紀小姐
請回想一下至今學過的事。

設立子公司這件事，等於購買新的現金製造機一樣。
該投資是否合理，要從該子公司未來所能帶來的現金
（流量）多寡來判斷。
是要把最初的投資金額，與增加的CF（現金流量）總額現值比較嗎？
妳說對了！
Hanna可以盡可能壓低來自中國子公司的進貨價格（讓中國企業沒有利潤）。
這樣的話，Hanna的進貨成本降低多少，Hanna的利潤就增加那麼多。
因此，把未來預計的CF的現值，與初期投資金額相比較，如果CF的現值大於投資金額，就可以判斷在中國設立子公司一案是有利的。

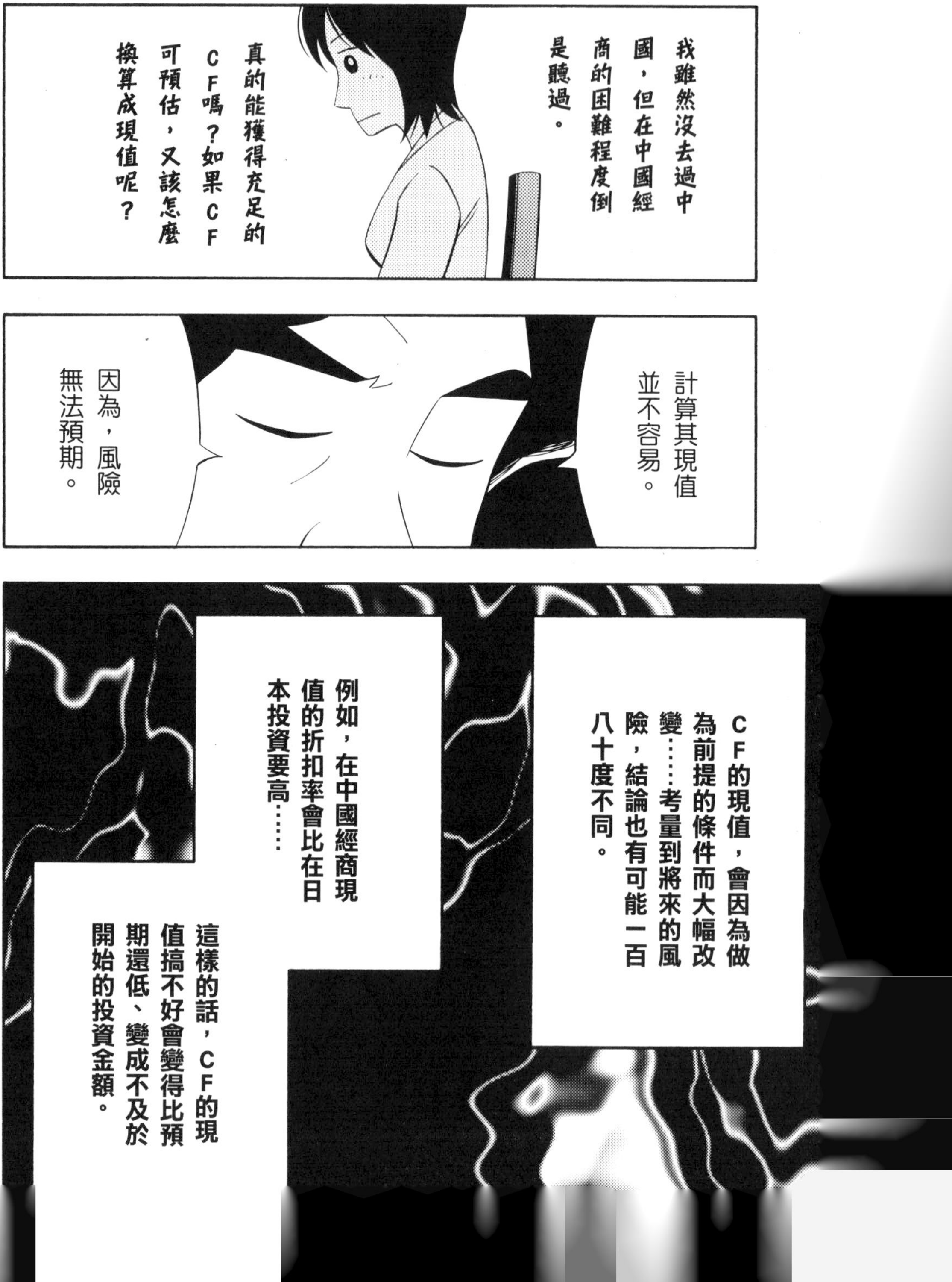
我雖然沒去過中國，但在中國經商的困難程度倒是聽過。
真的能獲得充足的CF嗎？如果CF可預估，又該怎麼換算成現值呢？
計算其現值並不容易。
因為，風險無法預期。
CF的現值，會因為做為前提的條件而大幅改變……考量到將來的風險，結論也有可能一百八十度不同。
例如，在中國經商現值的折扣率會比在日本投資要高……
這樣的話，CF的現值搞不好會變得比預期還低、變成不及於開始的投資金額。

然而，大森卻沒有考慮這樣的風險，魯莽地做出了「因為產品成本可以降低，因此前進中國很有利」的結論。
老師
你贊成進軍中國一案嗎？
我無法贊成前進中國設立子公司一案。
以Hanna的人才，無法經營好那家公司吧！
而且，萬一經營失敗，也不是那麼容易就能撤退。
因為，要清算公司還需要中國政府的許可。
當然，到許可下來之前，現金可能會卡在那裡。
我心意已決！
進軍中國一案要駁回!!

應委託中國企業生產嗎？

關閉富山工廠、委託合作的中國製造商生產所有產品一案，又如何呢？
那也是不可行。
在海外生產，為同時降低產品成本和運費，必須一次大量下單生產少樣多量的產品。
因此和國內生產相比，產品自企劃到發售為止的期間會拉長。
通常在半年前就必須準備新產品的生產了。
然而，服飾產品很難預測什麼會受歡迎。
一方面大受天候左右，另一方面也有無數競爭對手。

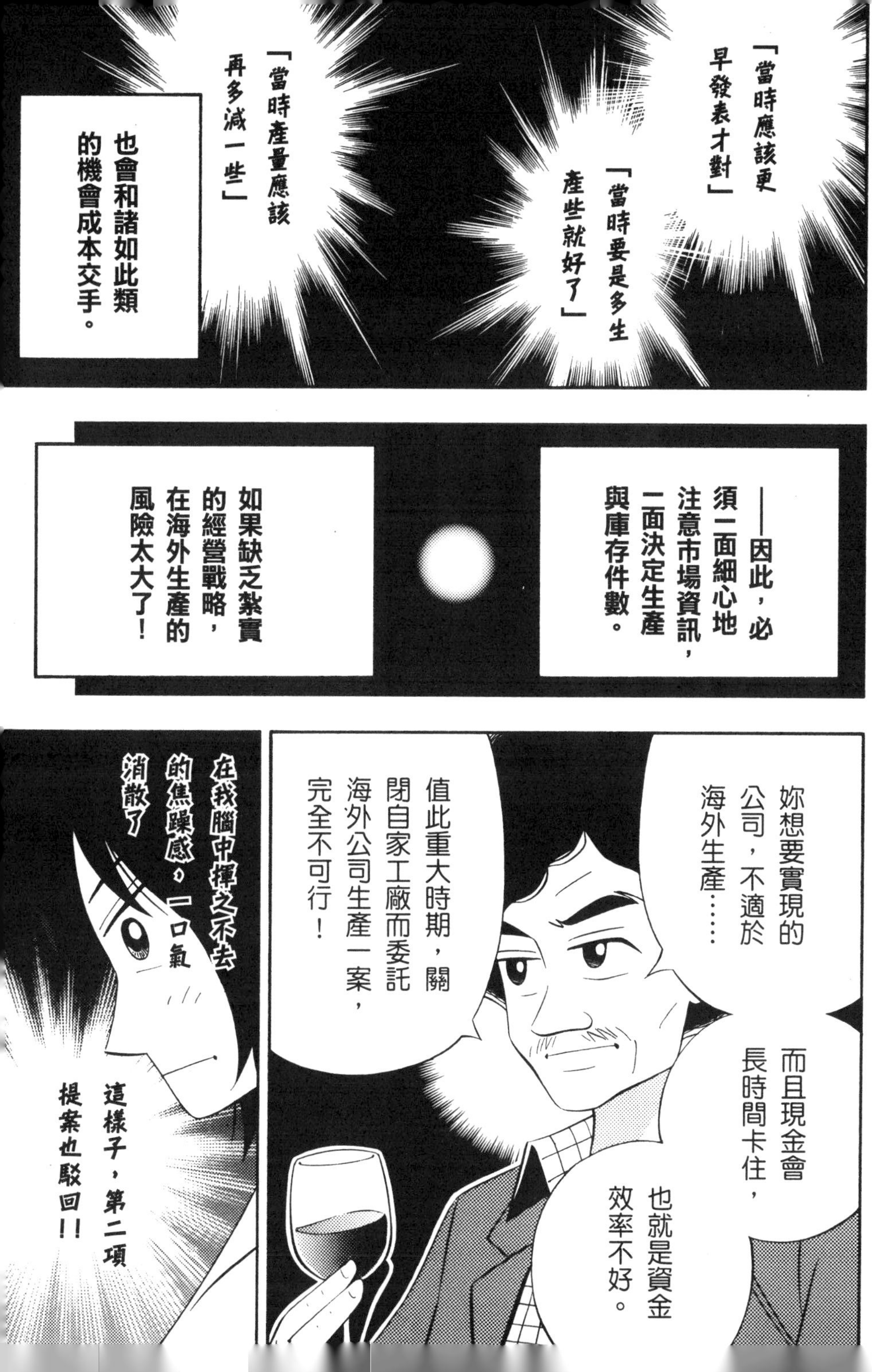
「當時應該更早發表才對」
「當時要是多生產些就好了」
「當時產量應該再多減一些」
也會和諸如此類的機會成本交手。
——因此，必須一面細心地注意市場資訊，一面決定生產與庫存件數。
如果缺乏紮實的經營戰略，在海外生產的風險太大了！
妳想要實現的公司，不適於海外生產……
而且現金會長時間卡住，
也就是資金效率不好。
值此重大時期，關閉自家工廠而委託海外公司生產一案，完全不可行！
在我腦中揮之不去的焦躁感，一口氣消散了
這樣子，第二項提案也駁回!!

自製還是外包

第三個提案
生產管理部主任大森之所以希望積極運用外包，有他的理由存在。
目前，公司自己的工廠處於不加班就無法消化追加訂單的狀況。
一旦支付加班津貼又會虧損，但如果使用加工成本便宜的外包，就能有足夠的利潤。
大森先生是這樣說明的……
──「上星期冬季大衣有一張共一百件、一百二十萬圓（每件一萬兩千圓）的追加訂單」
「該產品的成本是每件一萬圓（材料費六千圓）、【加工費】四千圓」
「在自家工廠生產的加班津貼與電費加起來，加班的費用一共二十多萬」

「一百件的產品成本再加上這筆加班津貼，就是一百二十萬圓了，沒有利潤」
「但如果外包的話，四十萬圓就能打發」
「再加上材料費六十萬圓，產品成本變成一百萬圓，有二十萬圓的利潤」
用語解說
【加工費】在生產成本中，材料費與外包費以外的成本，稱為加工費。
在此相當於裁切與縫製的作業成本。
由於我盡可能不想花錢，對於大森先生的提案感到抗拒。
但大森先生說，付錢給其他公司的方案很合理。
我無法理解這一點……
一方面希望盡可能在自家工廠處理，而且加班津貼增加的話，員工應該也會開心啊！

大森主任的想法

自製案

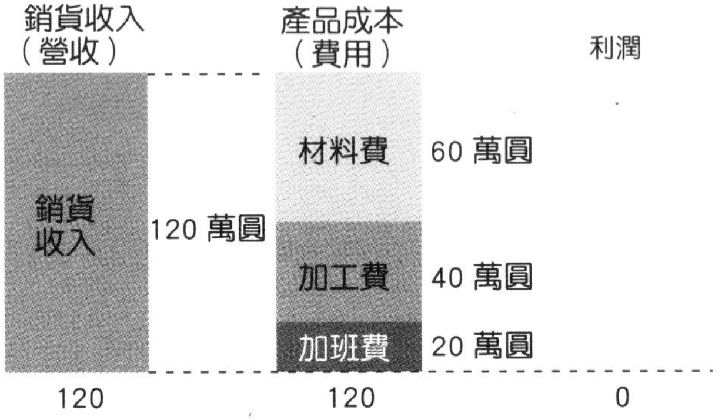

在自己公司生產，產品成本等於材料費 60 萬圓、加工費 40 萬圓，以及加班費 20 萬圓，因此沒有利潤。

外包案

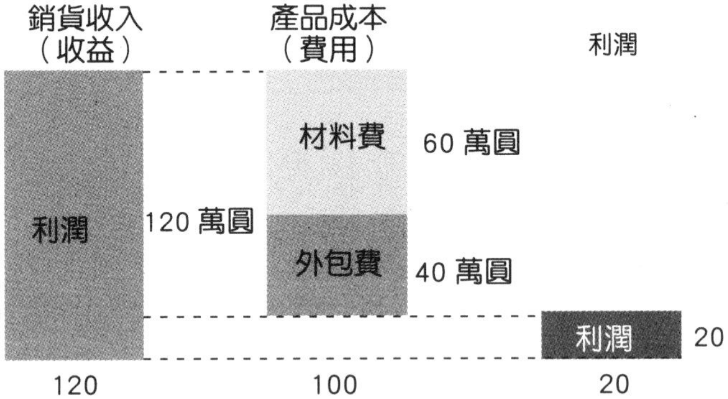

外包生產的話，產品成本只要材料費 60 萬圓與外包費 40 萬圓就行了，利潤成為 20 萬圓。

雖然大森先生說，採外包方式會有利潤二十 萬圓。
但我無法認同。
妳的直覺是對的。
無論自行生產或外包生產，工廠的維持費（固定費用）是不變的，
這筆費用是決策時不需考慮的**【沉沒成本】**。
用語解說
【沉沒成本】
不同於機會成本，另有沉沒成本（sunk cost）的概念。它指的是無論選擇哪個方案都同樣會發生（也就是不受採用何種替代方案的影響）的成本。
此外，材料也已經採購完畢，因此也不會有新的現金支出（同樣是沉沒成本）。
以這次的狀況來說，會變化的只有**加班費**和**外包費**。

如果在自家工廠生產，會有一百二十萬圓的現金收入（銷貨收入）與二十萬圓的現金支出（加班費），因此利潤是一百萬圓。
外包的話，利潤是八十萬圓（現金收入一百二十萬減外包費四十萬圓）
也就是說，公司自行生產會比外包多二十萬圓的【差異收入】。

安曇教授的説明

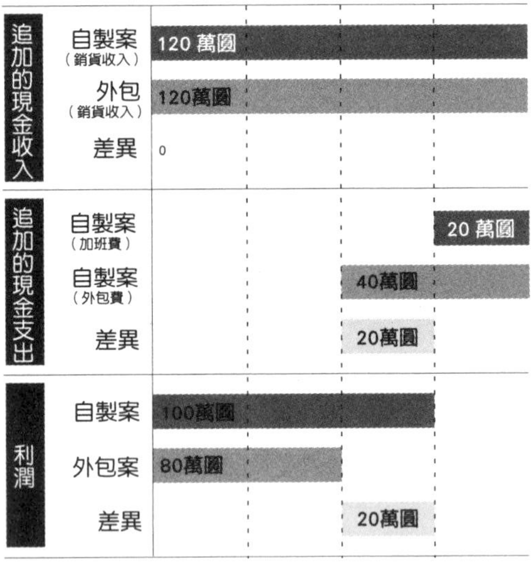
追加的現金收入
自製案（銷貨收入）
120 萬圓
外包（銷貨收入）
120萬圓
差異
0
追加的現金支出
自製案（加班費）
20 萬圓
自製案（外包費）
40萬圓
差異
20萬圓
利潤
自製案
100萬圓
外包案
80萬圓
差異
20萬圓

在自己公司生產的話，會有120萬圓的現金收入與20萬圓的現金支出，利潤100萬圓。外包生產的話，利潤80萬圓，因此在自己公司生產會多20萬圓的收入。

用語解說

【差異收入】

指「採用一案時，變動的收入（相關收入）與費用（相關成本）間的差額」。而根據差異收入判斷多項替代案的優劣之分析手法，稱為「差異成本與收入分析」（differential cost and revenue analysis）。要決定自行生產或外包生產時的決策，也屬此類。

也就是說！
在自己工廠生產比較有利對吧!!
沒錯！
大森先生只單純考量到產品成本會增加加班費的部分而已。
我決定了！
這項提案也要駁回!!
妳就照著上次教妳的，全力減少材料費與
工廠維持費，再提高生產速度吧。
這樣的話，產品成本必然會降低！

——一回神……
料理和紅酒都吃光喝光了……
我肚子好像還有點餓耶，
要不要去吃點壽司？
♪
好！
難題解決了的由紀，總算冒出食慾了。
太好了吃壽司♡

第10章

養成福爾摩斯的眼光與行動力！

新橋的河豚店

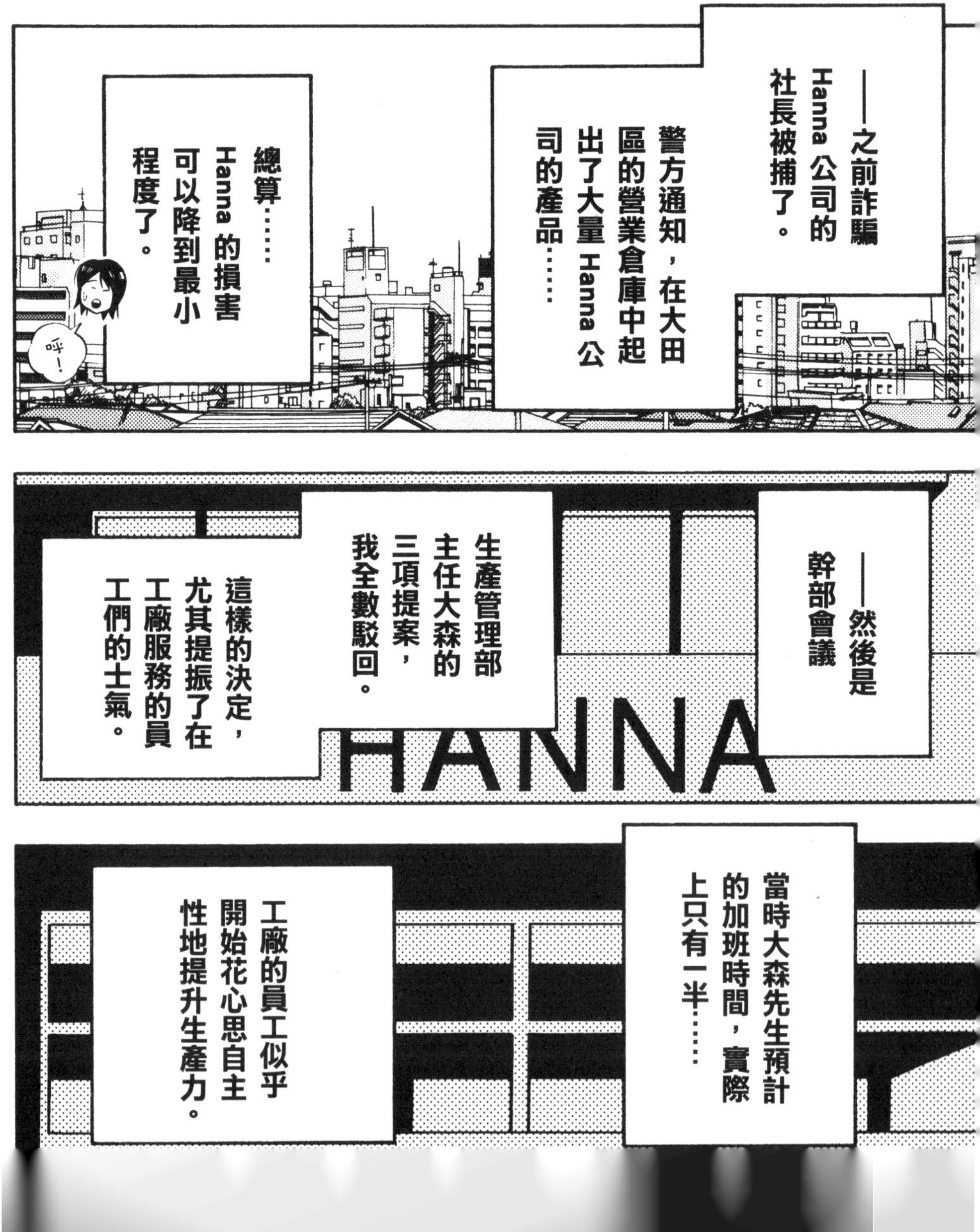
——之前詐騙Hanna公司的社長被捕了。
警方通知，在大田區的營業倉庫中起出了大量Hanna公司的產品……
總算……Hanna的損害可以降到最小程度了。
呼！
——然後是幹部會議
生產管理部主任大森的三項提案，我全數駁回。
這樣的決定，尤其提振了在工廠服務的員工們的士氣。
HANNA
當時大森先生預計的加班時間，實際上只有一半……
工廠的員工似乎開始花心思自主性地提升生產力。

因此，我決定發放臨時獎金給所有員工。
雖然不是多大的金額，但在最為辛苦的此時，我打從心底希望所有人都能努力。
……順便一提
齊藤先生與大森先生猛烈反對臨時獎金，認為應該多多減少負債，即使是一圓也好。
但我完全不為所動！
這時……
HANNA
Hanna又發生大問題了

月決算
由盈轉虧
會計部主任說，原因來自於銷貨退回的增加……
而且在退貨當中，還包含著剛發表不久的女性套裝……
那是我所企劃的自信作品……
我只剩下一個月的時間……
我到底該怎麼做才好……？
安曇老師……

河豚
微笑~
微笑~
夾~
沾~
沾~

嗯♪
這家店的天然虎河豚真是無與倫比啊！
而且虎河豚和辛口的香檳很搭♪
消一沉
削瘦
由紀小姐又……發生什麼事了？
嗯……
這個月以來，我每天都感受到來自齊藤先生和大森先生的壓力……
開會時，他們會露骨地拿反對意見來嗆我……
而且，齊藤先生似乎已經在我不知情的狀況下，頻繁地與高田分行長聯絡了。
消一沉
關於虧損，我問齊藤先生為什麼有退貨，他卻以那不是會計的工作而拒絕回答……

各種事接踵而至……
我覺得好累。
由紀小姐
他那樣講，對於身為社長的妳很失禮呢。
齊藤先生身為會計部主任，有好好回答妳的義務。
但妳要求他這個，或許太苛了點。
？
你是說他沒有惡意，只是他自己的能力問題嗎？
光是準備股東大會上的財務報表以及製作報稅單，就是他所有的工作了。
但會計是一種經營資訊，會計的負責人必須要有經營者的觀點才行……
但他卻沒有那樣的觀點!!

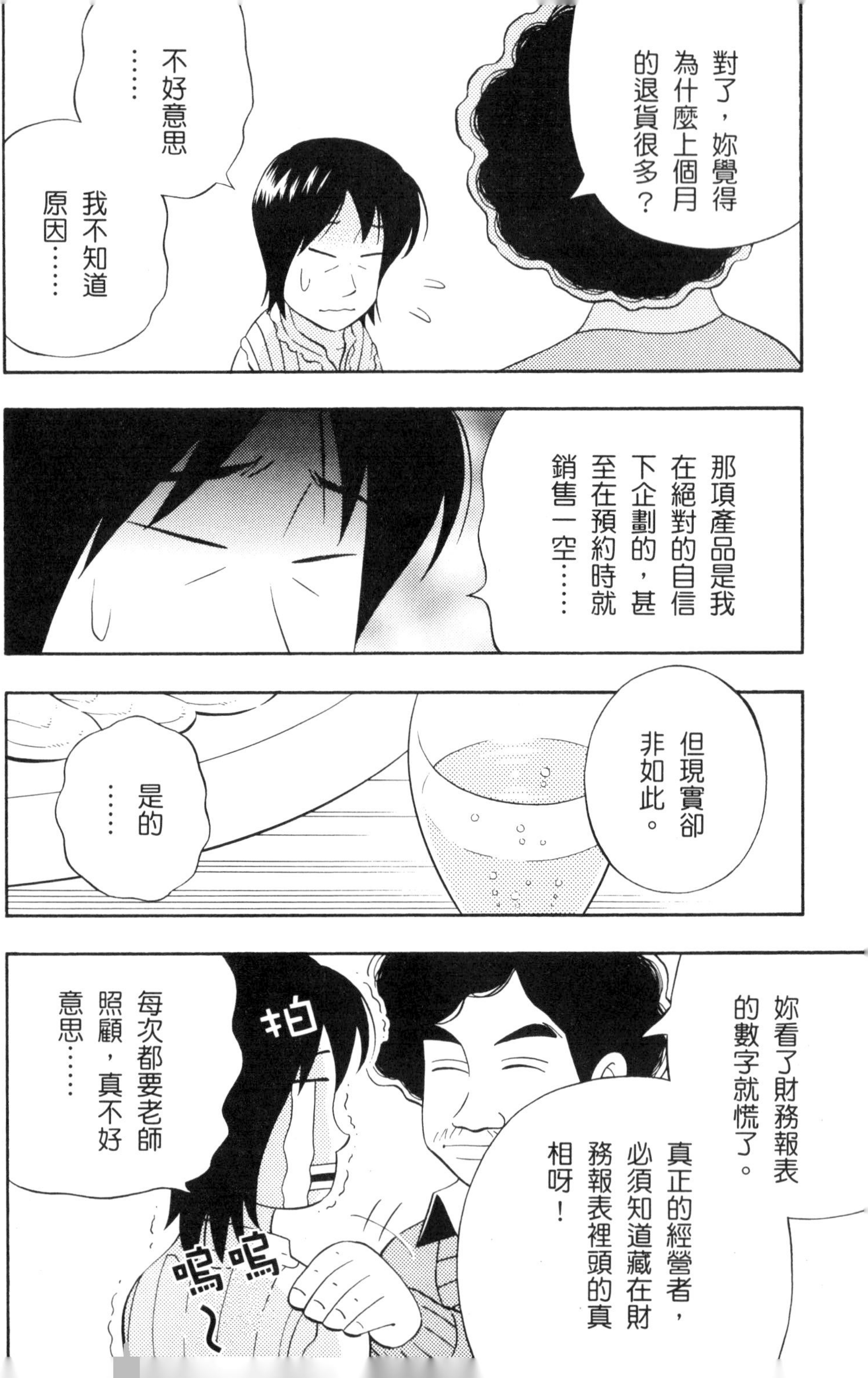
對了，妳覺得為什麼上個月的退貨很多？
不好意思……
我不知道原因……
那項產品是我在絕對的自信下企劃的，甚至在預約時就銷售一空……
但現實卻非如此。
……是的
妳看了財務報表的數字就慌了。
真正的經營者，必須知道藏在財務報表裡頭的真相呀！
拍
每次都要老師照顧，真不好意思……
嗚嗚～

妳聽好……
一看損益表，可以知道銷貨退回增加、利潤減少了。
但是要追溯到發生的原因、了解其細節，就做不到了。
例如，是哪件產品被退回……是什麼原因下被退回，都是無法得知的。
HANNA
退回的原因在顧客身上還是在公司身上，也不清楚。
如果原因在公司，是設計的問題還是品質的問題，也不清楚……
這是會計的界限。

……不過
公司內部已經在傳，說虧損的原因在於我企劃的新產品上……
恐怕是齊藤和大森先生圖謀把責任推在我身上吧……
憤
猛灌
砰
我到底……
流淚
該怎麼做才好?!
就找出真正的原因吧！
欸?!
真正的原因？

助手登場

把製造部裡妳最信任的部下找來這裡。
在製造部最能信任的人是……
製造部主任林田!!
林田
鈴鈴鈴鈴
接到社長突如其來的電話，林田愣了一下，但馬上說：
「是！我馬上到新橋去!!」

林田原本是由紀在設計部的同事。
由紀就任為社長時，提拔他為製造部主任。
也出於這樣的緣由，一些老幹部對他都很警戒。
咕嚕嚕嚕嚕嚕嚕
咕
抱歉，可能等不到林田先生來了。
不好意思！請馬上幫我們弄河豚火鍋！！
好的
拉開門
社長！
躂躂躂…
超快!!!
嚇到
嚇到

初次見面，我是Hanna製造部的林田！
鞠躬
雖然在工廠服務，卻是個時髦的青年……
林田先生，把你找來
這裡的原因是……
由紀向他說明至今的狀況。
如果沒有你的合作，Hanna很難重生！
是!!
我會全力幫忙的。

我從由紀小姐那裡聽說關於退貨的事了。
到底是哪種產品因為什麼原因被退貨，可以就你所掌握到的事實告訴我嗎？
好的
大部分退貨都來自於知名百貨公司「SHIENA」。
其中約有一半是停留達三個月以上的滯銷品……
HANNA與「SHIENA」之間是委託銷售（可自由退貨）的關係，因此在換季時，對方會一口氣退貨給我們。
問題在於退貨的原因
知道為何會被退貨嗎？
嗯，一部分是出錯貨，
要出給其他客戶的產品，誤出貨給了「SHIENA」了。
？

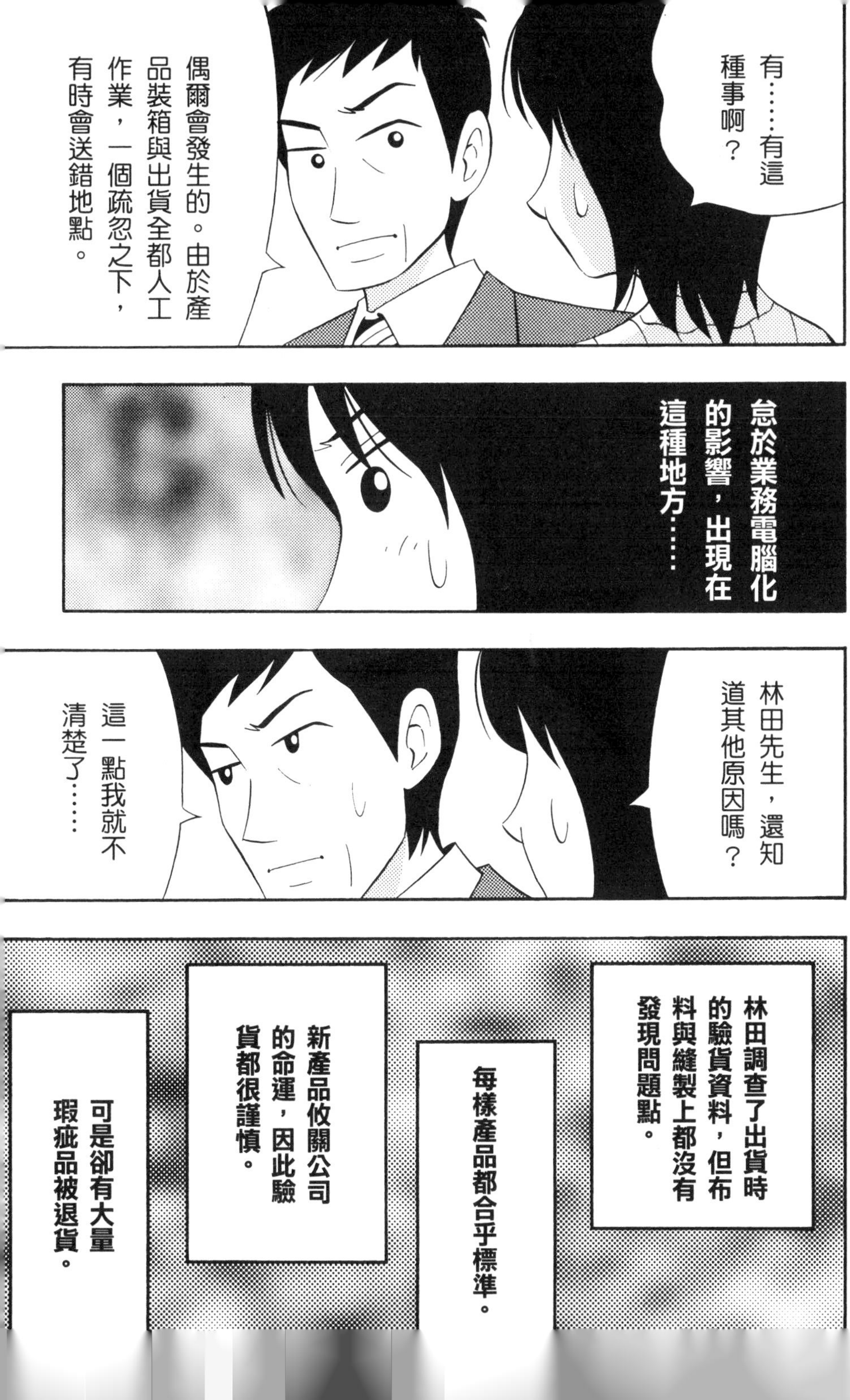
有……有這種事啊？
偶爾會發生的。由於產品裝箱與出貨全都人工作業，一個疏忽之下，有時會送錯地點。
怠於業務電腦化的影響，出現在這種地方……
林田先生，還知道其他原因嗎？
這一點我就不清楚了……
林田調查了出貨時的驗貨資料，但布料與縫製上都沒有發現問題點。
每樣產品都合乎標準。
新產品攸關公司的命運，因此驗貨都很謹慎。
可是卻有大量瑕疵品被退貨。

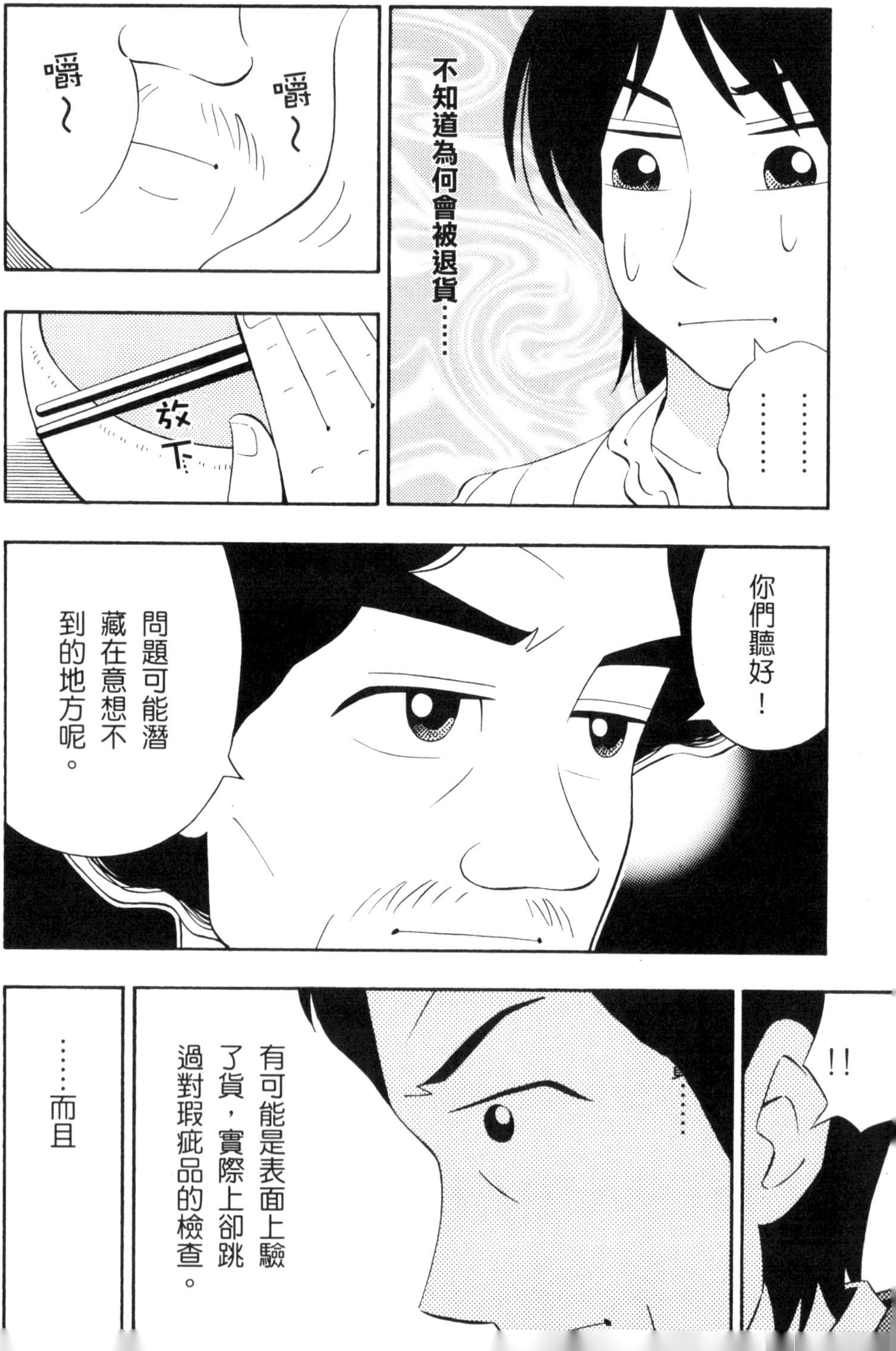
不知道為何會被退貨……
……
……
嚼～
嚼～
放下
你們聽好！
問題可能潛藏在意想不到的地方呢。
!!
……
有可能是表面上驗了貨，實際上卻跳過對瑕疵品的檢查。
……而且

我記得那件新產品……
營業部收到很多客訴。
!?
客訴?!
哪有這種蠢事？在新作發表會上，那套女性套裝明明大獲好評的。
但為何會有客訴?!!
林田先生……請不要有顧忌，知無不言說出來吧！
是……是的，
我記得有兩件客訴。

其中一件是套裝的顏色不對。
由於下單數遠超乎想像，又追加採購了布料，
但布料顏色卻略有不同。
另一件是設計的差異。
這次新產品的設計很複雜，常發生縫錯的現象……
為此進行了多次改善，結果設計變得略有不同。
顏色與設計和目錄不同，會有客訴也是當然的……
任何人一定都會拒絕這種產品的。
但為何驗貨部容許出貨呢？
我查過了。

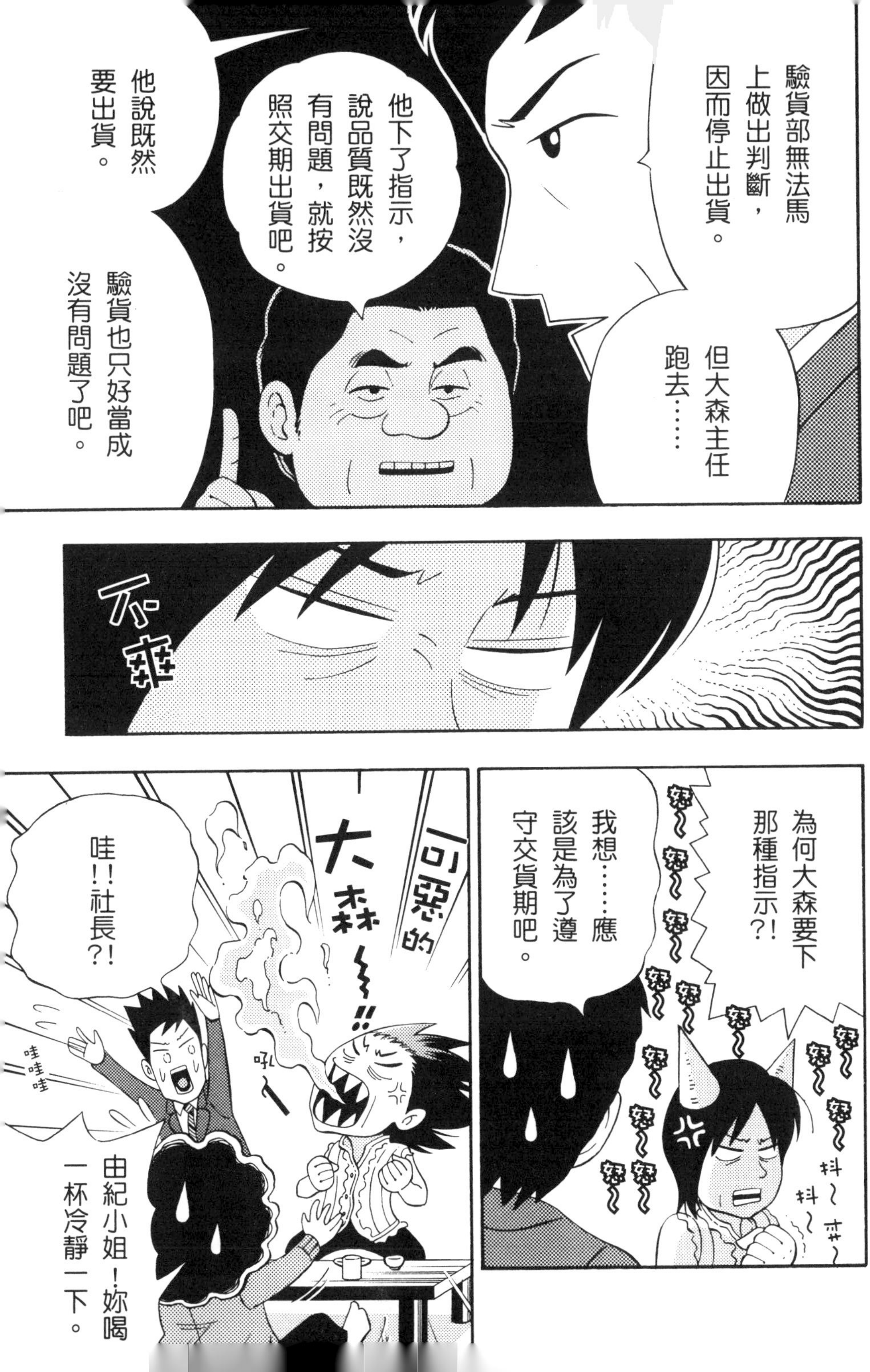
驗貨部無法馬上做出判斷，因而停止出貨。
但大森主任跑去……
他下了指示，說品質既然沒有問題，就按照交期出貨吧。
他說既然要出貨。
驗貨也只好當成沒有問題了吧。
不爽
為何大森要下那種指示?!
我想……應該是為了遵守交貨期吧。
怒~
抖~抖~
可惡的大森~~!!
吼~
哇!!社長?!
哇哇哇
由紀小姐！妳喝一杯冷靜一下。

咚！
下次出貨是什麼時候？
兩……兩天後
現在馬上！
停止套裝的生產吧!!
林田當場打給工廠，得知幸好幾乎都還在縫製作業中。
因而得以避免，二度把瑕疵品拿來出貨的最糟糕狀況。

退貨是最糟的狀況

安曇老師，謝謝你!!
鞠躬
託您的福，我們免除了最糟糕的事態！
哪裡！哪裡！

我現在知道，雖說是退貨，也是因為各種原因造成的！

退貨對經營來說是最糟的現象！
因為，好不容易做出來、交給顧客的產品，又再度回到公司來被人丟棄。
而且，所有運費都還由公司負擔，真可謂浪費至極。

——為求事前防範退貨，
經營者必須要熟知事業流程以及現場才行。
意思是……
不能仰賴會計是嗎？
也不是這樣，會計非常重要。
但會計數字並非事實。
應該把它們當成是用來掌握事實的線索。
掌握事實的
線索?!

沒錯！也就是說，只要發現會計數字出現異狀，那裡就是突破點！
到現場去問相關人員，徹底查明原因！
這樣的話，真相自然會出現!!
也就能夠得知改善的方式了!!!
這樣好像依照證據鎖定嫌犯的名偵探呢♪
沒錯！運用頭腦與身體收集通往本質的證據，找出隱藏的真相。
公司所有成員都培養出福爾摩斯的眼光與行動力是很重要的。

是！我們知道了！
可不是打扮成名偵探就行唷！
閃亮

第11章

別被會計的詭計騙了!

總公司會議室的對決

時間過得很快，我當上社長，剛好已經一年了。
今天，終於到了高田分行長要告訴我最終決定的日子了。
會議室
會計部主任齊藤
生產管理部主任大森
高田分行長

專心致志地奔走一年以來，我已經沒有不安了。
我總算是撐到了這一天！
在果決的組織重整下，業績急速回復，利潤增加了，庫存減少了，應收帳款都順利地回收，現金流量也增加了。
而且，生意所需要的營運資金量，也大幅降低。
最最重要的是，讓人掛心的銀行貨款，也大幅減少了！
太棒了
呃……那麼
就開始本期的決算報告。

又臭又長……
滔滔不絕……
……
……
呃──也就是說，
本期的努力沒有回報，結果是赤字。
!!?
赤字!!?
哪有這種蠢事……
雖然有退貨騷動，但在員工的努力下，應該有利潤才對，證據在於財務狀況已大幅變好。

欸，社長！妳很努力呢！
！
又在諷刺我!!
但我還是難以置信
業績決不能算壞，員工也比以前積極許多。
可是，為什麼會變赤字?!
會計是事實的呈現。
這責任在於身為最高負責人的妳。
妳應該負起責任辭去社長一職。
！
安曇老師的話!!

現金流量不會說謊

利潤是意見！
但現金是事實!!
剛才……會計部主任齊藤說「會計是事實」……
但那是錯的！
齊藤先生，去年的財務報表與今年的現金流量表，可以拿來給我看嗎？
沒那個必要，
赤字這項事實已經足夠。
咬牙

社長是我還是你!!
猛然站起
現在馬上給我拿來!!!
嚇到!!
!!
抖~
抖~
也可以讓我看看嗎?
!
高田分行長……
那……那個,這次沒有帶在手邊,不能下次再看嗎?

今天是決定要不要繼續融資給貴公司的日子，
沒辦法等到明天。
你、你！現在馬上去把資料拿來！
是！
不久，現金流量表送到了兩人手中。
會議室
由紀一面想著安曇的話，一面小心翼翼地追蹤著現金流量表、資產負債表，以及損益表上的數字。
要小心太大的數字增減！
現金流量不會騙人！
一開始，我試著比較本期與上期資產負債表上的數字。
結果，我發現庫存金額與應收帳款大幅減少。

安曇老師所謂的「數字大幅增減」。
我拿麥克筆在數字上做記號。
確實，在我們生產效率變好後，在製品與產品庫存減少，是可以理解的。
可是，減少的方式很異常……
不知道為什麼庫存會減少成這樣……
而且，應收帳款的減少更加異常……
生產量增加了，出貨量也增加了，但應收帳款卻減少了。
搞不懂為什麼？
接下來，損益表也有幾個令人在意之處，
出貨數量明明增加，銷貨收入卻和前期差不多……而且成本明明降那麼多，毛利率卻惡化。

然後是最後的現金流量表。
令人疑問的是，一開始明明是當期損失，但營業現金流量卻變成大幅的黑字。
營業CF幾乎都拿去償還貸款了，也就是tanna確實有賺錢。
但為何決算數字會變成赤字？
……？
高田分行長也一副無法理解財務報表數字的模樣，按著計算機確認數字的關聯性……
齊藤先生
你改變會計處理方式嗎？
…？
這樣呀…
？
按
沒、沒有！
我不記得曾做出這樣的指示。

………
真的無法理解！
財務報表反覆看再多次，數字的變動還是這麼異常。
至今我多次在工廠與營業所走動。
我想起在那兒工作的員工的樣子，以及和他們之間的對話。
於是，我剝去了財務報表的騙人畫，漸漸看出它的本質！
絕對不可能赤字！

把黑字決算弄成赤字決算

這是把黑字決算弄成赤字決算的醜化!!!
有人改變了計算方式!!
手法是延後計算銷貨收入的時間。
HANNA
過去的Hanna，都以產品從工廠的出貨日計算銷貨收入，既然產品出貨量增加，銷貨收入不可能不增加。
可是財報中幾乎沒增加，就表示一定是把當期的銷貨收入換到下一期去了。
恐怕是把銷貨收入的計算日從出貨日變更為客戶的驗收日吧！

然後還有另一件事難以理解：庫存的減少
這次改善活動的結果，已經讓多餘庫存減少、生產前置時間也變短了……
不健康的庫存幾乎都處理掉了。
財報上的庫存金額，減少得比上述這些因素所造成的還要多，這一點我無法理解。
尤其詭異的是在製品與產品庫存……
搞不好是在盤點時，故意少算一些在製品或產品
但這一定是公司內部的人才做得到。
這次的財報操作應該是極少數人所為。
林田先生身為製造部主任，不可能和醜化扯上關係。
可以想得到的是會計部主任和少數幾個人……
他們做到的操作應該是——

改變【間接費用】
（固定費用）的
分攤方式!!

用語解說

【直接費用與間接費用】

隨著產品可以直接計算其費用的稱為直接費用，除此之外都稱間接費用。由於間接費用大致上固定發生，因此也是固定費用。

產品的成本是以材料費與間接費用（是作業成本也是固定費用）所構成。
Hanna一向以作業時間為基準把間接費用（固定費用）分攤到在製品（完成前的工程庫存）與產品上。
但本期的決算中卻改變了處理方式，不把間接費用分攤到在製品上。

也就是說，把間接費用全數變成本年度的費用……
費用變多的話，看起來利潤就會減少那麼多。
這樣的處理是為了讓決算數字變得不好看，毫無疑問是懂得會計內情的齊藤想出來的。

會計部主任齊藤對利潤動手腳的方式

正確的會計處理

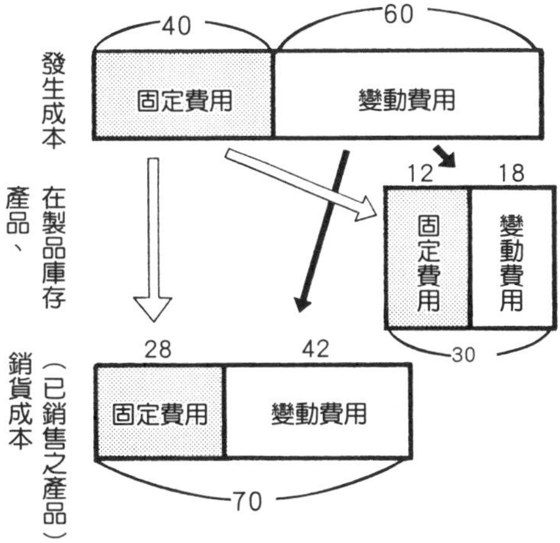

40
60
發生成本
固定費用
變動費用
12
18
在製品庫存、產品
固定費用
變動費用
30
28
42
銷貨成本（已銷售之產品）
固定費用
變動費用
70

損益表（P／L）

銷貨收入	150
銷貨成本	70
利潤	80

資產負債表（B／S）

產品・在製品	30

齊藤主任在會計上動的手腳

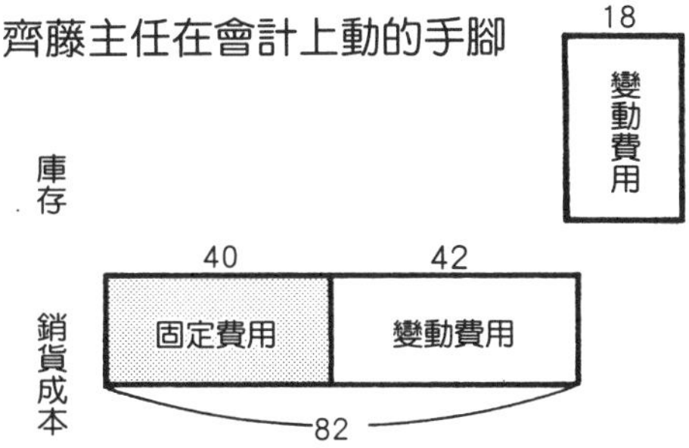

18
變動費用
庫存
40
42
銷貨成本
固定費用
變動費用
82

損益表（P／L）

銷貨收入	150
銷貨成本	82
利潤	68

資產負債表（B／S）

產品・在製品	18

由於未把固定費用分攤到庫存上，庫存減少那麼多金額（12），銷貨成本也增加那麼多，看起來利潤就減少了。

齊藤先生
嗯？
你故意醜化財報吧？
什麼?!
騷動
騷動
醜化？
妳在說什麼!!
明明希望高田分行長繼續融資給我們，我有什麼理由非把黑字弄成赤字不可!!
我可是這家公司的董事暨會計部主任啊!!

我的意見和社長一樣。
看了這張現金流量表的營業現金流量，很明顯是賺錢的。
哎呀呀
生產管理部主任大森
我先走了！
我、我也先走了。
砰！
會議室
鴉雀——無聲
我有問題想請教社長。
？

如果妳是我，會繼續融資給Hanna公司嗎？
當然！
可以的話，請告訴我理由。
因為我有想要實現的夢想！

為實現那夢想，Hanna 在這一年內脫胎換骨了。
敝公司早晚會還清負債，完全沒有理由抽我們的銀根！
HANNA

鞠躬ー!!
就賭在妳的夢想上吧！
今後也請多給本行指教！
拍手
拍手
太好了！！社長！！
哇
哇
哇
哇
哇
哇
拍手
拍手
無話
可說‥‥

終章
朝著夢想前進

紀尾井町的高級法國餐廳

高田分行長承諾全面協助
Hanna
但我無意在經營上一直仰賴銀行……
HANNA
說什麼我都要實現無負債經營，這是我的想法！

順便一提，
那次會議幾天後，齊藤先生與大森先生提出了辭呈。
我答應多給他們一些退休金，只要當成是他們願意提早一些時間退休的對價就行了……這是我的心情……
而現在……
我覺得自己必須多找幾個像林田先生一樣，一起撐起公司的人才。
如果沒有他的幫助，Hanna不可能重生！
但我最應該感謝的是
安曇老師!!

今天是最後一堂課的日子……
地點是位於紀尾井町的高級法國餐廳。
！

我的母親……
今天說什麼都要向安曇老師說聲謝謝，因此臨時決定陪同我出席。
拉斐堡，波爾多最頂級的紅酒。
安曇老師挑選了酒單中最高價的紅酒。
聞
喝

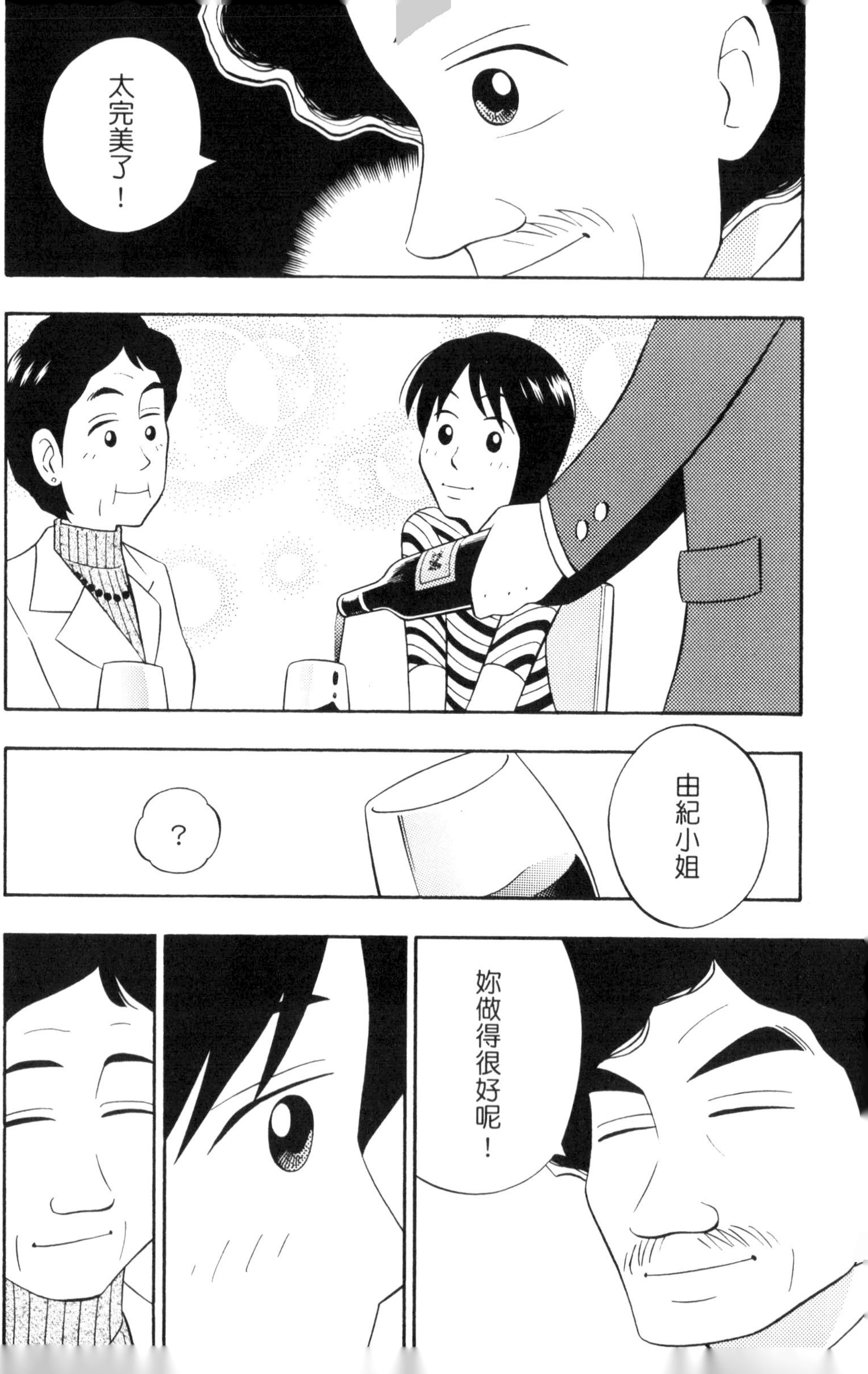
太完美了！
由紀小姐
？
妳做得很好呢！

都是因為有
以老師為首的諸多人士幫我的忙。
我也幫了忙唷！
我知道！
回到家如果連媽媽都消沉，我可就無處可去啦！
上菜
!!
啊、安曇老師！
沙拉上面有魚子醬和松露!!
而且還放這麼多
哈哈哈，今天是特別的日子嘛！

……
對了
是什麼時候呢？
妳曾經說過要讓Hanna成為能夠鼓舞職業婦女的公司吧！
對！
在社會上工作的女性，拼命埋首於工作時、
煩惱時、結婚時、生子時與家族同樂時……
我希望做出支持她們、鼓勵她們、給她們夢想、撫慰她們心靈的服飾！
雖然這樣的概念對我來說有些難懂，但倒也不是不能理解妳的心情……
那麼，為實現那樣的夢想，妳該做些什麼呢？

嗯，公司的財務要健全。
也就是如老師教我的一樣，變成一家能製造許多現金的公司才行。
沒錯！財務基礎是前提。
幫妳複習一下，要想充實財務，就必須增加收益（銷貨收入）、刪減費用（成本）才行。
尤其重要的是增加收益，這必須要銷售許多能夠吸引人的產品，而且要夠昂貴。
針對這一點，妳有什麼想法？
是
首要之務是生產能夠滿足顧客的產品。
為此，我認為必須提高品牌力，以高品質讓顧客購買後覺得值得，成為他們最想穿在身上的服飾品牌。

光是想想是不夠的。
我想知道具體來說妳打算怎麼做？
我已經在做了。
首先是強化設計部。
然後，拜託廣告公司的朋友活用媒體，同時也開始檢討公關活動。
此外，也請顧問到工廠現場看看。
那在成本的刪減及生產力的提高方面呢？
目前正在重新檢討生產方式。
能不能講得更具體一些？

具體來說，
希望打造出能縮短生產前置時間，實現材料零浪費的生產線。
我打算只以最低價格採購材料，而且只買需要的數量；同時也要導入不會有多餘庫存的生產體系。
以上次你帶我去過的神田那家蕎麥店為目標！
……
……太過理想化嗎？
目標可以理想些。
為實現那樣的理想，妳覺得最重要的要素是什麼？
……
最重要的要素……嗎？
妳的公司缺之不可的東西。
缺之不可的東西……

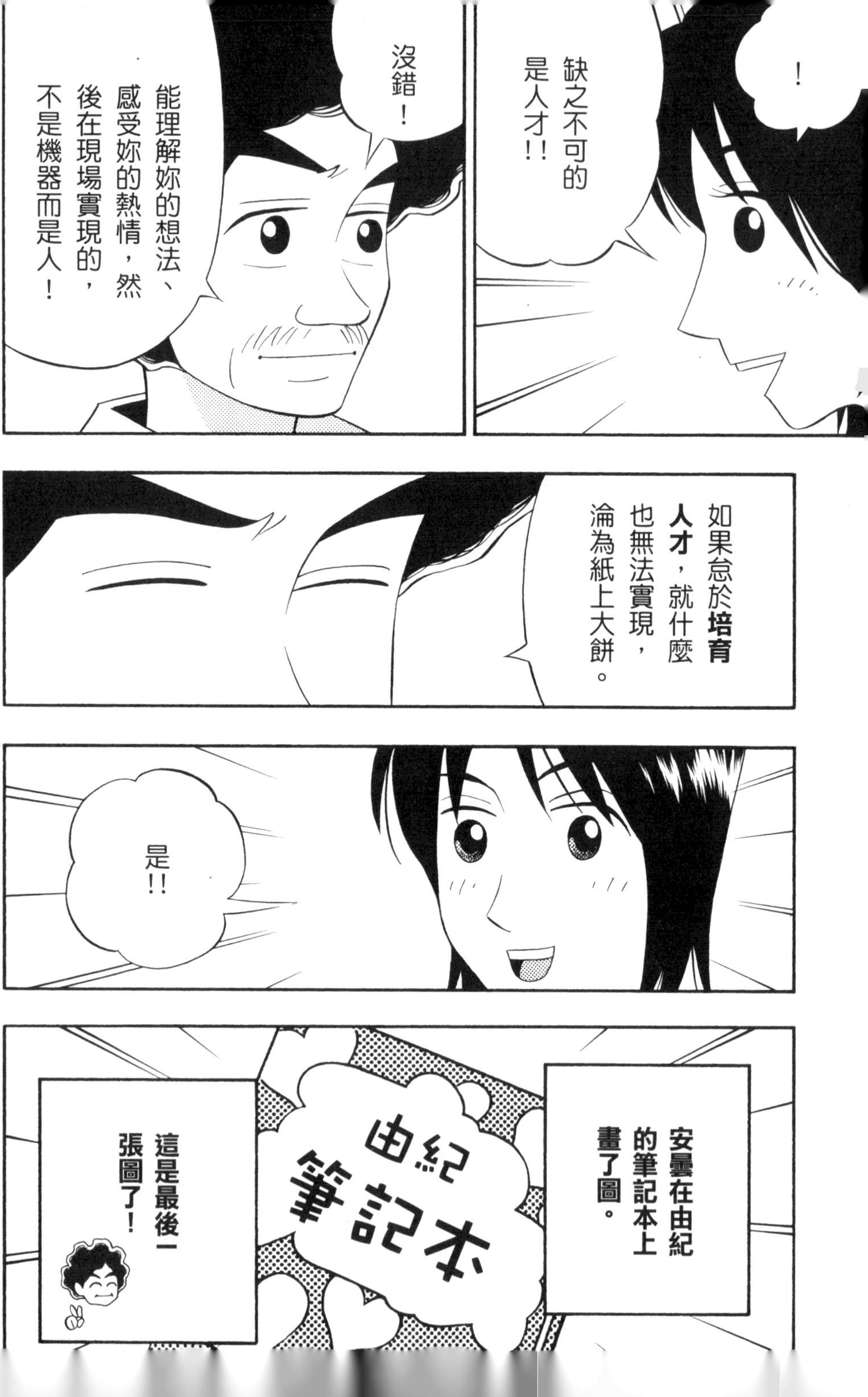
!
缺之不可的是人才!!
沒錯!
能理解妳的想法、感受妳的熱情，然後在現場實現的，不是機器而是人!
如果怠於**培育人才**，就什麼也無法實現，淪為紙上大餅。
是!!
安曇在由紀的筆記本上畫了圖。
由紀筆記本
這是最後一張圖了!

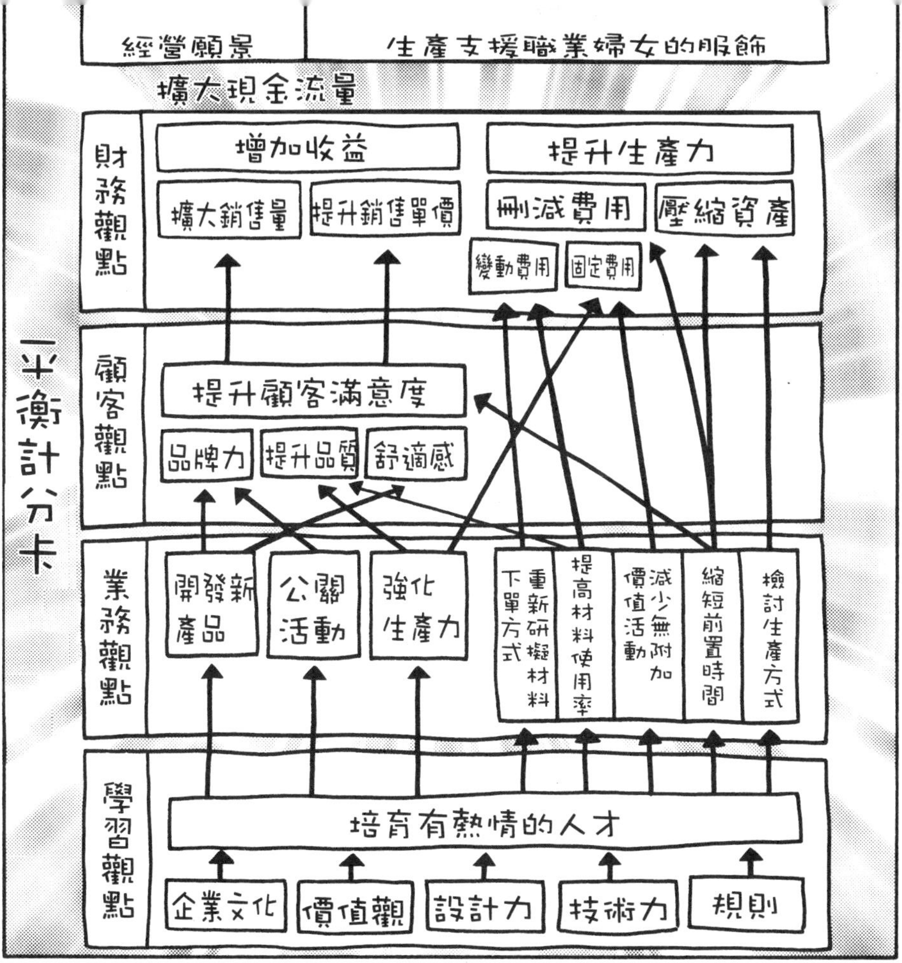
經營願景
生產支援職業婦女的服飾
擴大現金流量
財務觀點
增加收益
提升生產力
擴大銷售量
提升銷售單價
刪減費用
壓縮資產
變動費用
固定費用
顧客觀點
提升顧客滿意度
品牌力
提升品質
舒適感
業務觀點
開發新產品
公關活動
強化生產力
重新研擬材料下單方式
提高材料使用率
減少無附加價值活動
縮短前置時間
檢討生產方式
學習觀點
培育有熱情的人才
企業文化
價值觀
設計力
技術力
規則
平衡計分卡

這張圖把剛才妳告訴我的事情畫出來了。
這叫做平衡計分卡。
平衡計分卡

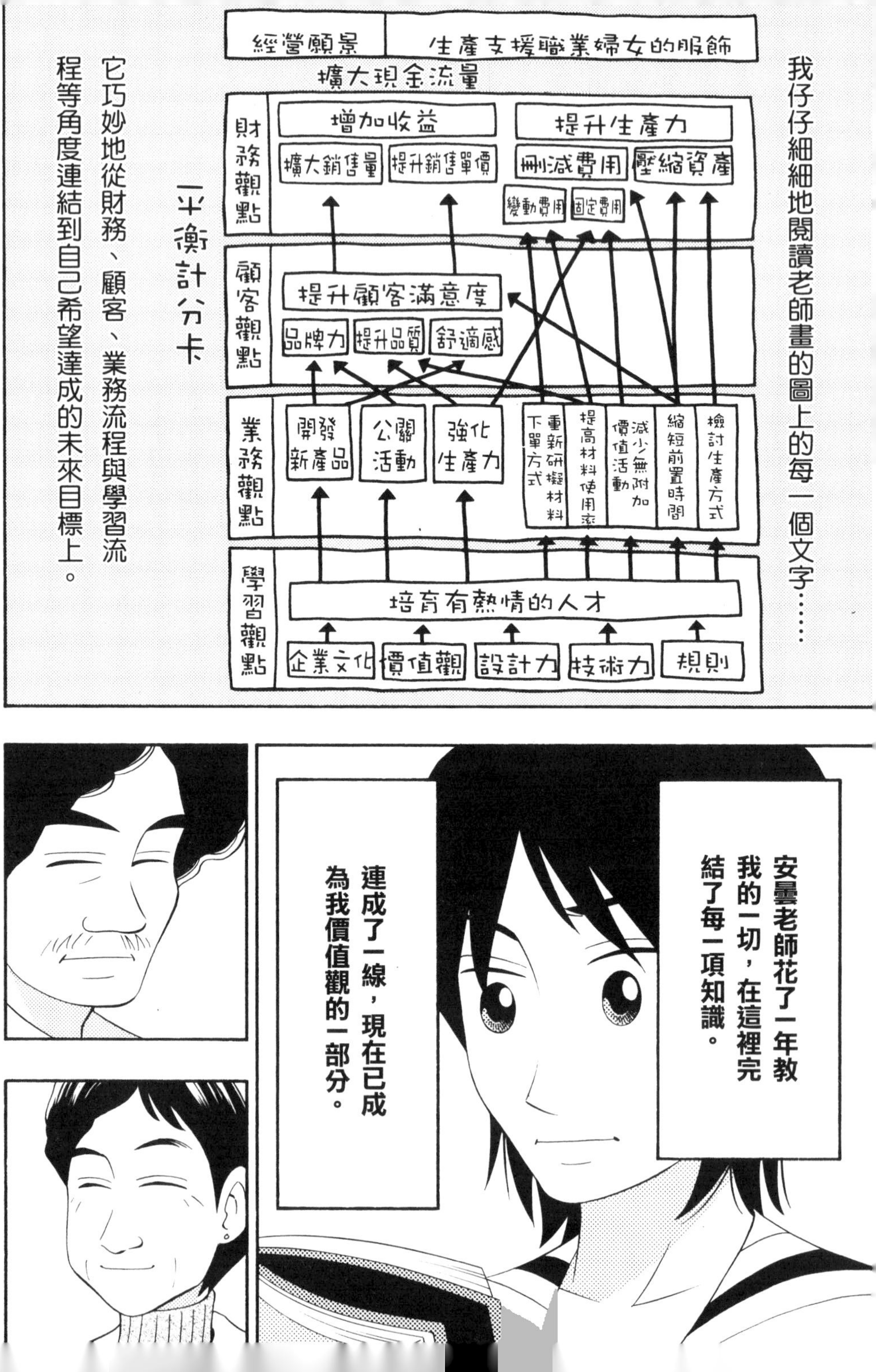
我仔仔細細地閱讀老師畫的圖上的每一個文字……
經營願景
生產支援職業婦女的服飾
擴大現金流量
財務觀點
增加收益
提升生產力
擴大銷售量
提升銷售單價
刪減費用
壓縮資產
變動費用
固定費用
顧客觀點
提升顧客滿意度
品牌力
提升品質
舒適感
業務觀點
開發新產品
公關活動
強化生產力
重新研擬下單方式
提高材料使用率
減少無附加價值活動
縮短前置時間
檢討生產方式
學習觀點
培育有熱情的人才
企業文化
價值觀
設計力
技術力
規則
平衡計分卡
它巧妙地從財務、顧客、業務流程與學習流程等角度連結到自己希望達成的未來目標上。
安曇老師花了一年教我的一切，在這裡完結了每一項知識。
連成了一線，現在已成為我價值觀的一部分。

懂了嗎？這樣我的課程就結束了。
來，喝喝美味的紅酒吧！
就這麼辦吧♪
里美那雀躍的聲音，顯示出她身為一個母親對於女兒感到驕傲的心情。

安曇老師
？
一張支票
這是我所能支付的最高金額了。
請您收下。
忐忑
忐忑

謝謝妳，
能夠和妳共事
我覺得很開心！

完